LA BANDA GASTRICA VIRTUAL

COMO PREVENIR Y REVERTIR LA

DIABETES TIPO 2

Este libro guía junto al programa de aplicación de la banda gástrica con autohipnosis y el plan de alimentación reúne todas las piezas del rompecabezas para el posible reverso y prevención de la diabetes tipo 2

TABLA DE CONTENIDO

¿CÓMO ESTE LIBRO PUEDE AYUDARTE?

Según la Organización Mundial de la Salud, en 2016, más de 1900 millones de adultos tenían sobrepeso y más de 650 millones eran obesos. La prevalencia de la obesidad se ha casi triplicado entre 1975 y 2016. La obesidad ha alcanzado proporciones epidémicas a nivel mundial. Muchas de las enfermedades coronarias y renales e incluso los accidentes cerebrovasculares son debido a la obesidad. Los cientificos han relacionado la diabetes tipo 2 con la obesidad. El planeta necesita una solución.

En 1985, el mundo científico pensó que había encontrado la solución en la colocación de la banda gástrica. Las bandas gástricas se generalizaron a mediados de la década de 1990, con la innovación de la técnica laparoscópica.

Como toda cirugía invasiva, tiene posibles complicaciones, y la hipnosis de banda gástrica puede ayudarlo a sentir que realmente le han realizado esta cirugía, lo que le permite comer porciones mucho más pequeñas sin sentir hambre y sin los efectos secundarios de la cirugía. No se trata de recuperar solo la figura, también la salud como factor primordial.

Ahí es donde la hipnosis no solo compite, sino que deja la opción quirúrgica en el campo de juego. La cirugía funciona bien con una tasa de éxito del 70% [2]. La hipnosis, bota la pelota fuera del parque, con una estadística de curación del 95% [7] de la que podemos presumir los hipnoterapeutas que nos especializamos en este tipo de terapia.

No hay riesgo de infecciones o complicaciones quirúrgicas, solo pérdida de peso pura y simple. Aunado al sentimiento de felicidad plena que la persona experimenta. Este libro guía junto al programa de aplicación de la banda gástrica con autohipnosis y el plan de alimentación que te ofrece Mente Subconsciente reúne todas las piezas del rompecabezas. Investigaciones recientes han vinculado el reverso de la diabetes tipo 2 con la reducción abrupta de la ingesta calórica luego de la colocación de la banda gástrica. Tal vez, este libro pueda cambiar tu vida, o salvarla.

Para asegurar el éxito de la terapia, en este libro guía encontrarás módulos y autoevaluaciones. Trabaja en cada módulo, respondiendo todas las preguntas. Al completar con éxito la autoevaluación, estarás listo para empezar tu terapia de autoayuda. Bienvenido al mundo de lo imposible y gracias por darnos tu voto de confianza.

El Equipo de www.mente-subconsciente.com

MODULO 1
¿De qué se trata la Banda Gástrica Virtual?

Objetivos de Aprendizaje:
Al finalizar éste modulo habrás aprendido acerca de la banda gástrica virtual. Las Terapias Conversacionales. Como puedes revertir la diabetes tipo 2 imitando el mismo efecto que con la colocación de una banda gástrica basado en los hallazgos del Dr. Roy Taylor. Testimonios reales de la efectividad y experiencia del tratamiento.

La hipnoterapia para la colocación de la banda gástrica es una técnica que se utiliza para ayudarte a perder peso especialmente en tu hígado y páncreas, de manera que estos órganos se reactiven y logren trabajar normalmente produciendo la insulina, con la posibilidad de librarte de la diabetes tipo 2.

Usando la terapia conversacional, un hipnoterapeuta le sugiere a tu subconsciente que te han colocado una banda gástrica alrededor de tu estómago. Tener una 'banda gástrica virtual' colocada, también conocida como hipnoterapia con banda gástrica, no requiere cirugía y por ende disminuye el riesgo de sufrir efectos postoperatorios.

Esta terapia debe ser acompañada de un plan de alimentación especial. Este programa ofrece el plan alimenticio basado en los hallazgos del Dr. Roy Taylor profesor de Medicina y Metabolismo en la Universidad de Newcastle, Inglaterra, donde también dirige el Grupo de Investigación de la Diabetes acerca de cómo revertir la diabetes tipo 2. Detalles del programa, que esperar y el seguimiento de casos reales están descritos en este libro guía.

¿Qué son las terapias de conversación?

Las terapias de conversación son tratamientos efectivos y confidenciales administrados por profesionales capacitados y basado en evidencia científica. Este programa de la banda gástrica virtual tiene una serie de audioguías y material de apoyo o videos explicativos donde te indican paso a paso las recomendaciones a seguir. El terapeuta te apoya en forma virtual mientras trabajas en tus sesiones de autohipnosis en tu propio tiempo. Las terapias de conversación se ofrecen en forma de un programa que incluye:

> Libro guía de autoayuda.
> Plan de alimentación sugerido
> Audioguías para las sesiones de autohipnosis
> Apoyo en grupo usando medios sociales.
> Videos explicativos

Este formato de ofrecer autoayuda guiada por medio de terapias conversacionales está basado en la metodología desarrollada por el Seguro Social (NHS) del Reino Unido para sus pacientes en materia de salud mental, que ha sido implementado con mucho éxito.

¿Cómo resolver un problema como la diabetes tipo 2?
El hallazgo del Dr. Roy Taylor

Si estás pensando en la colocación de la banda gástrica virtual para hacer cambios positivos en tu salud, es mucho más probable que tengas éxito si te adhieres a los principios de este programa. Así que esta guía te da la información que necesitas saber acerca de la banda gástrica virtual junto con el programa propuesto, basado en evidencia científica.

Si realmente entiendes las razones por las que este programa y terapia hipnótica funciona, te sentirás cómodo con el programa y la terapia desde el principio.

Te ayudará a tomar tu decisión de colocarte la banda gástrica virtual y comenzar tu experiencia de pérdida de peso y recuperación de tu salud con confianza y entusiasmo.
Primero, vamos a esbozar el panorama más amplio.

Si tienes diabetes tipo 2, ¿puedes revertirla?

Esta es una pregunta que el Dr. Roy Taylor de la Universidad de Newcastle responde con un contundente "Sí". El Dr. Taylor es profesor de Medicina y Metabolismo en la Universidad de Newcastle, Inglaterra, donde también dirige el Grupo de Investigación de la Diabetes.

El profesor Taylor descubrió el vínculo entre la cirugía bariátrica (banda gástrica) y la diabetes luego de una visita a la ciudad de Greenville, Carolina del Norte en los Estados Unidos. Esta ciudad tiene el mayor número de personas obesas en los Estados Unidos de América. El médico cirujano, Dr. Walter Pories, no solo colocaba la banda gástrica en sus pacientes obesos, sino que les hizo un seguimiento durante 14 años, para saber que pasaba luego de colocada la banda (en forma quirúrgica).

De los 608 pacientes obesos u obesos mórbidos que se les colocó la banda gástrica, la pérdida de peso fue dramática, perdiendo hasta 1/3 de su cuerpo en peso corporal (45 kg en algunos casos), que mantuvieron la mayoría de los pacientes durante todo este tiempo de seguimiento.

El Dr. Pories, también observó que la presión arterial se redujo considerablemente. Lo más impresionante fue en aquellos pacientes que tenían altos niveles de azúcar en la sangre, cabe decir que, de los 608 pacientes, 161 tenían diabetes tipo 2 y 150 tenían resistencia a la glucosa (prediabetes). Para la mayoría de estos pacientes, hubo una caída dramática de azúcar en la sangre, después de la colocación de la banda gástrica. La diabetes desapareció como por arte de magia, en cuestión de semanas.

A los pocos días de la operación, sus niveles de azúcar en sangre habían vuelto a la normalidad y muchos pudieron dejar la medicación. Este fue un hallazgo sorprendente porque se creía que la diabetes tipo 2 era una enfermedad irreversible de por vida.
Los investigadores habían notado que la cirugía producía cambios en las hormonas intestinales, las hormonas que controlan el apetito. Así que

asumieron que las mejoras dramáticas en el azúcar en la sangre tenían algo que ver con la forma en que la cirugía en sí había cambiado dichas hormonas.

El profesor Taylor, sin embargo, no estaba convencido. Él sabía que las hormonas intestinales, son muy importantes, pero tienen un efecto limitado en los cambios metabólicos. El Dr. Taylor supo de inmediato que esta afirmación tenía que estar equivocada.

Sin embargo, esta teoría se convirtió en la creencia establecida del mundo científico: un cambio en la hormona intestinal explica por qué los azúcares en la sangre vuelven a la normalidad después de la cirugía.

El Dr. Taylor pensó que había una explicación completamente diferente, una que podría explicar por qué muchas personas con sobrepeso no tienen diabetes, mientras que muchas personas delgadas si padecen de diabetes.

Una de las razones por la que este estudio en particular le llamó la atención al Dr. Taylor fue que el retorno a los niveles normales de azúcar en sangre fue muy rápido. Esto encajaba con una teoría que el Dr. Roy Taylor estaba desarrollando en ese momento: que la diabetes tipo 2 es simplemente el resultado de demasiada grasa en el hígado y el páncreas que interfiere con la producción de insulina.

El repentino regreso a los niveles normales de azúcar en la sangre no tuvo nada que ver con la cirugía en sí, sino simplemente que la ingesta calórica del paciente se había reducido repentinamente. Si esta teoría era correcta, la diabetes tipo 2 debería poder revertirse completamente solo con la restricción de alimentos.

La ciencia se mueve lenta y cuidadosamente. Cualquier hipótesis debe ser probada rigurosamente. Durante la última década, el equipo de investigación del Dr. Roy Taylor y otros que trabajan en la Universidad de Newcastle han estado investigando, en detalle, los mecanismos subyacentes detrás de la diabetes tipo 2. Han desarrollado nuevas formas de medir la grasa dentro del hígado y el páncreas utilizando potentes escáneres de resonancia magnética.

Ahora, el Dr. Taylor y su equipo han completado estudios más detallados que han demostrado que las personas que realmente quieren deshacerse de su diabetes tipo 2 pueden, en solo 8 semanas, perder cantidades sustanciales de peso y devolver el azúcar en sangre a la normalidad o casi normal. Pueden permanecer libres de diabetes siempre que mantengan su peso.

El Dr. Taylor y su equipo lograron demostrar que es posible revertir una enfermedad que todavía se considera irreversible. Su reciente trabajo "Entendiendo el mecanismo de revertir la diabetes tipo 2" [2] lo explica muy bien.

Es importante para el lector, que tenga presente la importancia de utilizar la pérdida de peso, en especial la zona de las vísceras como el hígado y el páncreas, para controlar los niveles de azúcar en sangre, como describiremos a continuación.

¿Cuál fue el hallazgo del Dr. Taylor?
Hígado graso y páncreas - el corazón del problema

La investigación del profesor Taylor sugiere que es la acumulación de grasa dentro del hígado y el páncreas lo que causa todos estos problemas. Estos dos órganos son responsables de controlar nuestros niveles de insulina y azúcar en la sangre. A medida que se obstruyen con grasa dejan de comunicarse entre sí. Con el tiempo, el cuerpo deja de producir insulina y te conviertes en una persona diabética tipo 2.

El profesor Taylor argumenta que tenemos nuestro propio "umbral de grasa personal", un punto de inflexión, que se debe en parte a la genética. El punto de inflexión decide cuánta grasa se puede acumular en otras partes de nuestro cuerpo, antes de que comience a desbordarse en el hígado y el páncreas, lo que lleva a la diabetes tipo 2 [3].

El "umbral de grasa personal"

En algunas personas el "umbral de grasa personal" parece establecerse alto, en otros sorprendentemente bajo. La buena noticia es que cualquiera que sea tu "umbral de grasa personal", si drenas la grasa de tu hígado y páncreas (y la colocación de la banda gástrica virtual junto al programa sugerido te ayuda a hacer precisamente eso), entonces puedes revertir tu diabetes y restaurar el control de azúcares en la sangre a la normalidad.

La mala noticia es que, si no haces nada ahora, no solo tendrás las complicaciones de la diabetes, sino que también podrás dañar permanentemente tu hígado.

¿Qué tiene de malo tomar medicamentos para regular el azúcar?

Luego que los médicos diagnostican a un paciente con diabetes tipo 2, el tratamiento que se ha seguido por muchos años es prescribir primero los comprimidos como la metformina, luego, según la evolución del paciente, posiblemente insulina, y que deben acostumbrarse a vivir con diabetes, cambiar sus hábitos alimenticios y hacer más ejercicio.

Algunos médicos te dicen: "Sí, usted tiene diabetes tipo 2, pero es fácilmente tratable con medicamentos de control de azúcar", entonces es probable que vayas a tomar esa ruta. ¿Por qué no? Si tu médico te lo está indicando. Confías en tu médico.

Pero la diabetes es una enfermedad que en muy pocas ocasiones se cura o controla de una forma tan simple. Incluso siguiendo el tratamiento con medicamentos, por el simple hecho de ser una persona con diabetes, esto puede tomar 10 años de tu vida.
También te costará una gran cantidad de dinero en el largo plazo. No es sólo el costo de los medicamentos, el costo de tratar las complicaciones y el tiempo que puedes invertir en tratar la enfermedad.

En algunos países, tener un diagnóstico de diabetes tipo 2 hará que conseguir un seguro de vida y un seguro de salud sea más difícil y costoso. En el Reino Unido se estima que la diabetes tipo 2 le cuesta al país al menos 20 mil millones de euros al año. En los Estados Unidos de América, es más, como $245 mil millones.

El fármaco anti-diabetes (control de azúcar en sangre) más vendido en el mercado en este momento es metformina, con ventas de casi $2 mil millones al año. Ha existido durante tanto tiempo en el mercado y se ha utilizado en tanta gente, que te imaginas que debe ser realmente eficaz.

Sin embargo, un estudio [5] que examinó los resultados de 13 ensayos controlados aleatorios en los que participaron más de 13000 pacientes se podría encontrar poca evidencia convincente de que tomar la metformina reduce los ataques cardíacos o las amputaciones de piernas o mejora la expectativa de vida.
Estos medicamentes de control de azúcar pudiesen conducir a una reducción de peso modesta, pero normalmente es sólo el primer paso de un camino que conduce a medicamentos anti-diabetes más potentes y caros.

La mayoría de estos otros medicamentos, incluyendo la insulina, que por lo general promueven el sentir más apetito, lo que hace que el paciente engorde más. Como nos dijo un experto, "cuanto más agresivos son los tratamientos (medicamentos más potentes), más gordos se ponen".

Al igual que las úlceras estomacales, la diabetes sin duda se puede controlar con medicamentos. Pero ¿no sería mucho mejor tratar la causa subyacente? Si tuvieras una infección, ¿no querrías deshacerte de ella, antes de que progrese la infección, en lugar de simplemente tratar los síntomas?

Perder cantidades sustanciales de peso en 8 semanas: ¿se puede?
La respuesta es sí. Con un método poco convencional, que implica derrumbar todos los paradigmas que hemos acumulado en nuestras

mentes, impuestos principalmente por la industria alimenticia y farmacéutica, con la complicidad de los médicos y nutricionistas (sin hacerlo de mala intención).

Este método consiste en la colocación de la banda gástrica virtual junto a la dieta de la banda gástrica. En 8 semanas lograrás que tu hígado y páncreas funcionen adecuadamente para que segreguen la insulina en forma natural y se reactiven los mecanismos de regulación de azúcar en sangre.

Basado en los hallazgos del profesor Taylor, el cual afirma que, si un paciente diabético pierde suficiente peso, la grasa se drena de su páncreas e hígado y su diabetes se revierte. Este estudio le tomo al Dr. Taylor más de diez años, había muchos otros médicos que eran escépticos, y tuvo que armar un caso muy convincente.

En el 2011, reclutaron a 14 pacientes [6]. Tres de los voluntarios abandonaron temprano, por una variedad de razones, dejando 11. A estos 11 pacientes les fueron retirados sus medicamentos normales para la diabetes y puestos en un régimen estricto de 800 calorías por día. El estudio fue en personas que tenían diabetes tipo 2 desde hacía 4 años o menos.

Según el estudio, los voluntarios siguieron un régimen de 800 calorías al día, que consistía en el reemplazo de comidas convencionales con una marca comercial de bebidas dietéticas proteicas y verduras sin almidón durante 8 semanas.
Al final de las 8 semanas, los voluntarios perdieron un promedio de 15 kg (33 libras) y perdieron casi 5 pulgadas alrededor de la cintura y lo más importante, sus niveles de azúcar en la sangre se invirtieron al rango no diabético. ¡Qué logro!

Este estudio, siguió de otros estudios. Uno de ellos, pusieron en practica esta dieta en 3000 voluntarios para DIRECT (Diabetes Remission Clinical

Trial) por cinco años, con la participación de más de 30 médicos en sus respectivas clínicas a lo largo y ancho de Gran Bretaña. Con resultados similares a los obtenidos con el grupo mas pequeño.

Con esta dieta baja en calorías, se logró el mismo efecto en los pacientes que con la colocación de la banda gástrica: reducir la ingesta calórica abruptamente y la glucosa en sangre como consecuencia.

¿Cuáles fueron las principales conclusiones del estudio?

1. El estudio fue en personas que tenían diabetes tipo 2 por un periodo no mayor a 4 años. Hay buenas razones para creer que los pacientes con diabetes tipo 2 de mayor duración puede ser reversible, aunque después de 10 – 15 años de padecer esta enfermedad es probable que no todo el mundo será capaz de lograr un retorno al control normal de la glucosa, a pesar de la pérdida de peso importante. Probablemente, el daño en el hígado fuese irreversible en esos casos.

2. Es posible despertar las células productoras de insulina del páncreas mediante una dieta baja en calorías.

3. Esto sucedió al mismo tiempo que el contenido de grasa en el páncreas disminuyó. Estudios anteriores han demostrado que la grasa detiene la liberación de insulina, por lo que es razonable deducir que la eliminación de grasa del páncreas permitió que la liberación de insulina se normalizara.

¿Podría funcionar para mí?

La investigación del Dr. Taylor se centra en pacientes con diabetes tipo 2, la forma más común de diabetes. El Dr. Taylor explica que hay algunas formas poco comunes de diabetes que pueden llamarse incorrectamente diabetes tipo 2:

a) Es probable que la diabetes ocurra después de varios ataques de pancreatitis y se deba a daños directos al páncreas (conocida como "diabetes pancreática")

b) En segundo lugar, las personas que son delgadas y son diagnosticadas con diabetes en su adolescencia, con antecedentes familiares de diabetes, pueden tener una forma genética (conocida como "diabetes monogénica")

c) En tercer lugar, la diabetes tipo 1 a veces aparece lentamente en adultos, y estas personas generalmente requieren terapia con insulina dentro de unos pocos años del diagnóstico ("tipo 1 de inicio lento")

Ninguno de ellos responderá de la misma manera al tratamiento que los pacientes que presentan diabetes común, tipo 2.
Dr. Taylor indica que, si usted tiene la forma común de diabetes tipo 2, esto sí podría funcionar para usted.

La dieta que usó el Dr. Taylor en su investigación

Para llevar a cabo el estudio de investigación, Dr. Taylor recomendó a sus pacientes la siguiente dieta:

• Reemplazo de comidas con la marca comercial Optifast® (3 sobres cada día) – esto proporciona un total de 600 calorías con las vitaminas y minerales diarios necesarios. Cabe destacar que esta marca comercial solo se suministra a los pacientes con prescripción médica. Sin embargo, como veremos más adelante existen otras alternativas que puedes emplear, incluyendo comida real bajo ciertas indicaciones.

• Comer hasta 3 porciones de verduras sin almidón cada día (total de 250 g cada día) (para el contenido de fibra) – esto proporcionará otras 200 calorías.

• Bebida - 3 litros de agua o bebidas sin calorías cada día (sin ácido cítrico).

Durante las 8 semanas de la dieta; no consumir:

• aves de corral, pescado o carne
• pan, arroz ni pasta
• productos lácteos (¡incluso leche desnatada completa!)
• Verduras de raíz o tubérculo como papa, batata, nabo
• Granos
• Frutas
• Alcohol

¿Podría funcionar para personas con un IMC normal?

Sí, sin duda, siempre que el diagnóstico de diabetes tipo 2 sea correcto. Algunas personas son incapaces de hacer frente incluso a cantidades moderadas de grasa en el hígado y el páncreas. La diabetes tipo 2 solo ocurre cuando se supera el "umbral de grasa personal", del cual se mencionó anteriormente en este libro. Bajar de peso dentro del rango que es "normal" para la población general es entonces esencial para la salud.

¿Cuáles son los peligros potenciales de seguir una dieta baja en calorías durante 8 semanas?

Esta es otra pregunta que el Dr. Roy Taylor de la Universidad de Newcastle responde: Ninguno. Solo con dos reservas específicas, ambas relacionadas con medicamentos prescritos. Si usted toma antihipertensivos, entonces usted debe discutir con su médico ya sea reducirlos o detenerlos antes de comenzar a hacer la dieta. Su presión arterial va a bajar y podría bajar demasiado si se continúan los medicamentos.

Del mismo modo, hay algunos medicamentos para reducir la glucosa, que pueden tener que ser detenidos porque pueden empujar la glucosa en sangre a niveles muy bajos.

¿Qué les diría a los que se preocupan por los peligros potenciales de seguir una dieta baja en calorías durante dos meses (8

El Dr. Taylor explica que la ansiedad que produce en algunas personas sobre el ayuno ha sido muy exagerada y en parte se relaciona con las dietas de 400 calorías de mala calidad que se utilizaron hace mucho tiempo en los Estados Unidos durante períodos muy largos de tiempo.

Con una dieta de 800 calorías, formulada con los macros y micronutrientes necesarios para que el organismo pueda ejecutar sus funciones básicas, durante ocho semanas, no tengo absolutamente ningún reparo en absoluto. Aunque lo ideal es que las personas deberían discutir sus planes con su médico para obtener asesoramiento médico personal.

¿Qué piensa el Dr. Taylor de hacer este procedimiento con comida real en lugar de batidos dietéticos?

Preferiría que la gente lo hiciera con comida real. Cuando se habló públicamente por primera vez este tipo de dieta bajas en calorías empleadas en mis estudios: 77 individuos lo hicieron de su cuenta, sin participar en el estudio clínico. La mitad de ellos lo hicieron comiendo comida real, perdieron la misma cantidad de peso que habíamos logrado en condiciones controladas en nuestros estudios.

Claro que, si se puede hacer, siempre que se respete las 800 calorías y el balance de macro (grasas, carbohidratos, proteínas) y micro (vitaminas y minerales) nutrientes requeridos para el buen funcionamiento del cuerpo.

El Caso de José Álvarez

José Álvarez debería estar muerto. De hecho, justo antes de que el estadounidense de 55 años descubriera el trabajo del profesor Taylor - totalmente por casualidad, había llegado a la conclusión de que su tiempo se había acabado. "Yo había decidido que este era un buen verano para morir", dice.

Pesaba 305 libras (138 kg), su cintura medía 56 pulgadas, sus dedos de los pies comenzaban a ponerse negros, tenía una infección en el oído y su médico le había advertido que una úlcera de pie fuera de control significaba que era un firme candidato buscando una amputación. Las inyecciones de insulina ya no funcionaban. Cuando analizó su azúcar en la sangre, el aparato medidor de azúcar no pudo procesar la lectura.

Su médico se había rendido. José no estaba recibiendo la ayuda necesaria y no sabía qué le pasaba. José estaba muy enfermo. José había seguido muchas dietas en el pasado. Ninguna le funcionó. Después de la muerte de su madre a causa de un cáncer cuando tenía cinco años, José usó los alimentos para compensar la pérdida emocional. José estaba muy estresado, estaba acosado por las preocupaciones financieras.

Y entonces, un día, se enteró de la dieta de la Universidad de Newcastle totalmente por casualidad. José comenzó a hacer su propia investigación en internet y encontró la dirección de correo electrónico del profesor Taylor. José dijo: "Sabía que mi médico me diría que no funcionaría. Decidí tomar cartas en el asunto".

José no podía soportar los batidos dietéticos que se recomendaban, así que se decidió por seguir un plan alimenticio con comida real, sólo que un poco diferente de lo que había estado comiendo antes y mucho menos cantidad. Verduras, pollo magro, ensalada. Procuraba tomar por los menos 4 litros de agua al día. Todo se pesaba cuidadosamente para no exceder las 800 calorías por día. Se ayudó con una aplicación muy popular gratis que se llama MyFitnessPal. Para el día 10 de su inicio de cambios alimenticios, su azúcar en la sangre cayó por primera vez.

Después de 64 días, José había perdido 67 libras (30 kg), el equivalente a un perro adulto. Cuando alcanzó su objetivo de pesar 176 libras (78 kg), su diabetes había desaparecido. José dijo que la dieta del Prof. Taylor lo curó más allá de sus expectativas.

Actualmente, ofrece su ayuda como voluntario, en el centro de apoyo cercano a su comunidad, como un amigo para personas con problemas relacionados con la comida. Dice que hará todo lo posible para llevar el mensaje de esperanza y recuperación a cualquier diabético.

Las dietas bajas en grasas engordan

El Dr. Taylor explicó por qué muchos expertos ahora creen que la obsesión por todo lo que tiene bajo contenido de grasa ayudó a alimentar el consumo excesivo de carbohidratos baratos y fácilmente digeribles, lo que a su vez ayudó a incrementar los casos obesidad.
Los carbohidratos fácilmente digeribles incluyen todas las formas de azúcares (los de las bebidas gaseosas están entre los peores infractores), muchos alimentos procesados (azúcares ahora añadidos a una gran variedad de alimentos), así como galletas, pasteles, cereales de desayuno e incluso arroz, pasta y pan.

A pesar de esto, el consejo estándar para los diabéticos de tipo 2 sigue siendo "comer una dieta baja en grasas". A los diabéticos se les dice que traten de reducir el azúcar, pero que basen sus comidas en alimentos con almidón como papas, arroz y pasta. Se recomienda el pan, así como los cereales para el desayuno.

Hablando con Anna, una mujer de 50 años que estaba a punto de ser amputada de la pierna debido a la diabetes tipo 2. Estando en la habitación esperando a ser operada, dijo que le ofrecieron de desayuno, una selección de pan blanco o cereal con leche descremada. Hay docenas de estudios que indican que este no es el camino a seguir.

¿Las dietas altas en grasas y bajas en carbohidratos ayudan a bajar de peso?

La dieta mediterránea se ha vuelto increíble popular ya que los estudios demostraron que puede reducir significativamente su riesgo de enfermedades del corazón, diabetes tipo 2 y posible Alzheimer.

No es una dieta que la mayoría de la gente asocie con el Mediterráneo. No hay pizza ni pasta. En cambio, es una dieta que enfatiza la importancia de comer verduras, pescado aceitoso, frutos secos y aceite de oliva. El yogur y el queso.

Hay carbohidratos en esta dieta, pero el tipo que tu cuerpo tarda más en descomponer y absorber. Eso significa legumbres (frijoles, legumbres, lentejas), no pasta, arroz o patatas. Creo que es una forma fantásticamente saludable y sabrosa de comer. Toma muchas de las mejores características de una dieta baja en carbohidratos y las hace más agradables. De hecho, lo que llamaremos el "Plan M" es la base de la Dieta de la Banda Gástrica.

El momento eureka del Dr. Saaz

Después de 30 años como médico de familia, ejerciendo en Londres-Inglaterra, la Dra. Mary Saaz se había vuelto cada vez más desconcertada -y sombría- sobre sus pacientes. "No podía entender por qué más y más de ellos estaban llegando a la consulta con sobrepeso y con diabetes tipo 2", explica. No sabía cómo ayudarlos.

Entonces un día un antiguo paciente con diabetes apareció - libre de la enfermedad. "La paciente me desconcertó. Pero siempre me fascinan las historias de éxito, así que le pregunté qué había hecho", me conto la Dra. Saaz. La paciente le respondió a la Dra. Saaz, "no le va a gustar lo que le voy a decir". La paciente explicó, que había leído acerca de los beneficios de una dieta baja en carbohidratos, alta en grasas y le dio una oportunidad.

La Dra. Saaz hizo algunas investigaciones y pronto se convenció de que parte del problema para los diabéticos de tipo 2 es que su metabolismo ya no puede controlar el azúcar. "Se ha vuelto casi como un veneno", dice. La respuesta obvia es reducir, no sólo en azúcar, sino en alimentos que rápidamente se convierten en azúcares cuando entran en su cuerpo.

Poner a los pacientes en una dieta baja en carbohidratos y calorías todavía es visto por muchos médicos como algo malo, por lo que fue en contra del consejo de sus colegas y decidió hacer un pequeño ensayo. Reclutó a 19 pacientes que tenían diabetes tipo 2 o prediabetes y les dio una dieta muy simple.

"Reducir mucho los carbohidratos almidonados" "sí es posible, elimina las cosas blancas como pan, pasta, arroz. En cuanto al azúcar - eliminar por completo, aunque los arándanos, fresas y frambuesas se les permite comer libremente" .

En cambio, animó a los pacientes a comer más proteína, mantequilla, yogur con grasa completa y aceite de oliva: "Comer mucha verdura con proteínas y grasas, te deja satisfecho".

En un espíritu de solidaridad, y debido a que quería perder algo de peso ella misma, la Dra. Saaz siguió la dieta. Uno de los pacientes abandonó temprano, pero a los otros les pareció sencillo y fácil seguir la misma. Comenzaron con un peso promedio de 100 kg y durante los 8 meses del ensayo perdieron más de 9 kg sobre todo alrededor de la cintura.

Siete pacientes salieron de la medicación y la mayoría reportó una mejor energía y bienestar, lo que a su vez significaba que estaban más inclinados a hacer ejercicio.

También hubo grandes mejoras en la presión arterial y los niveles de colesterol, a pesar de que sus pacientes debían tomar el control de sus propias vidas y no depender de la doctora para resolver sus problemas.

Los pacientes que perdieron peso lo han mantenido y más pacientes han seguido su programa, ahorrando más de 15000 libras esterlinas al año en el presupuesto de medicamentos para la diabetes del centro médico donde la doctora trabaja.

MODULO 2
¿Qué implica la banda gástrica con cirugía?
Acerca del Procedimiento real

Objetivos de Aprendizaje:
Al finalizar éste modulo aprenderás acerca del procedimiento de la banda gástrica real (con cirugía), riesgos, consecuencias y efectos psicosociales y las diferencias con la banda gástrica virtual.

La banda gástrica es un procedimiento restrictivo. Reduce la cantidad de alimentos que puedes comer a la vez y te hace sentir lleno durante más tiempo. Como resultado, comes menos y pierdes peso.
La banda gástrica se coloca alrededor de la parte superior del estómago para crear una pequeña bolsa. Un paso estrecho entre esta bolsa y el resto del estómago permite el paso de alimentos y líquidos. Con este procedimiento, la estructura del estómago y los intestinos no se altera, por lo que la digestión y la absorción siguen siendo normales.

La tasa de éxito

Hay una tasa de éxito del 70% para las bandas gástricas quirúrgicas, pero un éxito del 80% para las bandas gástricas colocadas con hipnosis.

¿Existe algún riesgo con las bandas gástricas quirúrgicas?

Las complicaciones que pueden ocurrir durante o inmediatamente después de la cirugía incluyen:
- · Infección: esto afecta a 1 de cada 20 personas.
- · Coágulos de sangre en las piernas o los pulmones, esto afecta a 1 de cada 100 personas.
- · Exceso de piel.

Si bien la cirugía de pérdida de peso puede eliminar con éxito la grasa del cuerpo, no puede indicarle a la piel que se encoja. Por lo tanto, si un paciente ha sido obeso durante muchos años, puede quedar con un exceso de pliegues y rollos de piel, particularmente alrededor de los senos, el abdomen, las caderas y las extremidades.

Estos pliegues y enrollamientos generalmente se hacen evidentes entre 12 y 18 meses después de la cirugía. Antiestéticos, estos pliegues también son difíciles de mantener limpios. Son vulnerables a desarrollar erupciones e infecciones.

La piel y la banda gástrica virtual

Dado que la banda gástrica hipnótica simplemente cambia la forma en que comes, tu cuerpo continuará absorbiendo las vitaminas y minerales necesarios para permitir que la piel se adapte a sus nuevas circunstancias. El programa también recomienda tomar suplementos que ayudarán a que esto funcione de manera aún más eficiente.

Debajo de la superficie de la piel hay tejido adiposo, que no solo rellena la piel, sino que también puede provocar enfermedades, ya que sofoca los órganos internos. Ya explicamos los hallazgos del Dr. Taylor, que el objetivo principal es eliminar la grasa del hígado y páncreas en primer lugar para que logren hacer su trabajo en forma normal.

Si la grasa adiposa desaparece a un ritmo en el que la piel aún puede mantener su elasticidad, entonces la piel estará tonificada. Lamentablemente, este proceso, como muchos otros, se ralentiza con la edad. Si el paciente ha tenido obesidad mórbida durante muchos años, es posible que la piel se haya estirado demasiado y ya no tenga la elasticidad para re-tonificarse por completo. Sin embargo, en la mayoría de los casos, a medida que la grasa se elimina, habrá piel flácida durante algunas semanas mientras se adapta la memoria celular de la piel. Luego, la piel continuará encogiéndose nuevamente, tensándose para adaptarse a la silueta más delgada. El uso de cremas a base de vitamina E y masajes es recomendable durante el proceso de baja de peso.

Cálculos biliares

Aproximadamente 1 de cada 12 personas desarrollará cálculos biliares después de la cirugía para bajar de peso, generalmente 10 meses después de estar en la mesa de operaciones.

La bilis es una sustancia que ayuda a descomponer la grasa que ingieres. Si tu consumes suficiente grasa para descomponerse, es posible que tu vesícula biliar no se contraiga correctamente. Debes asegurarte de que tu dieta te proporcione las grasas saludables y el ácido alfa-linoleico suficiente de acuerdo a las recomendaciones. Cuando tu vesícula biliar no se contrae por completo y no excreta la bilis al intestino. La bilis sobrante se acumulará con el tiempo como un depósito sólido conocido como cálculo biliar.

En la mayoría de los casos, los cálculos no causan síntomas, pero si quedan atrapados en un conducto pueden irritar e inflamar la vesícula biliar y causar síntomas, como dolor repentino e intenso en el abdomen, náuseas y vómitos, ictericia.

Uno de los principales factores que contribuyen a aumentar el riesgo de cálculos biliares es el sobrepeso. El tratamiento con la banda gástrica con hipnoterapia no se diferencia de una dieta muy eficaz. Se busca eliminar la grasa del hígado y páncreas, en primer lugar, para que, junto a la vesícula biliar, funcionen normalmente. Después de perder peso y seguir un estilo de vida más saludable, ayudará a reducir este riesgo de desarrollar cálculos biliares.

De esta forma, en vez de hacer un cambio en la anatomía significa que la fisiología del cuerpo simplemente mejora en lugar de verse comprometida.

Estenosis de la estoma

Una de las complicaciones más comunes que experimentan las personas con un bypass gástrico es que el orificio (estoma) que conecta la bolsa del estómago con el intestino delgado se bloquea con un trozo de comida. Esto se conoce como estenosis de la estoma. Se cree que le sucede a una quinta parte de las personas que se han sometido a una cirugía de banda gástrica o bypass gástrico.

El síntoma más común de la estenosis de la estoma es el vómito persistente.

Puede tratarse dirigiendo un pequeño tubo flexible, conocido como endoscopio, al sitio de la estoma. Luego, se coloca un globo en el endoscopio y se infla para desbloquear la estoma.
No existen problemas similares asociados con el tratamiento de hipnoterapia.

Deslizamiento de la banda gástrica

Esta complicación afecta a alrededor de 1 de cada 50 personas con una banda gástrica, donde la banda realmente se sale de su posición. La bolsa del estómago se vuelve más grande de lo que debería ser y puede causar síntomas como acidez, náuseas y vómitos. Se requerirá cirugía adicional para reparar la banda.
Nuevamente, no hay problemas similares asociados con la hipnoterapia.

Intolerancia a la comida

Aproximadamente 1 de cada 35 personas con bandas gástricas desarrollan intolerancias alimentarias, a menudo muchos años después de la cirugía. El cuerpo se vuelve incapaz de tolerar ciertos alimentos, como carnes rojas o ensaladas verdes, lo que resulta en una serie de síntomas desagradables como náuseas, vómitos, enfermedad por reflujo gastroesofágico.

Con la banda gástrica colocada con hipnoterapia, las intolerancias alimentarias son más difíciles de predecir. Si bien no ha habido invasión del cuerpo con cirugía, el cuerpo humano es algo extraño y maravilloso. Las intolerancias pueden asomar sus horribles cabezas por diversas razones y pueden sucederle con la misma facilidad a un paciente que se ha sometido a un tratamiento hipnótico.

Sin embargo, el reflujo gastroesofágico está directamente relacionado con la cirugía y no es un problema asociado con los pacientes que han perdido peso mediante la hipnosis.

Efectos psicosociales de la cirugía

Este es un aspecto importante que debería abordarse desde el principio en ambos procesos (con cirugía o con hipnosis). La mayoría de las personas que se someten a una cirugía para bajar de peso informan de una mejora en su calidad de vida. Sin embargo, varios efectos psicosociales también pueden estar relacionados con la rápida pérdida de peso.

Algunas personas describen problemas en la relación con su pareja, cuando esta comienza a sentirse nerviosa, ansiosa o posiblemente celosa por la pérdida de peso. Además, las ocasiones sociales relacionadas con la comida, como las comidas familiares en Navidad, pueden volverse incómodas, ya que es común que el paciente se sienta cohibido por su capacidad reducida para comer.

No es raro que el paciente también experimente sentimientos de depresión alrededor de 2 años después de la cirugía, ya que descubre problemas que existían en su vida antes de la cirugía, que aún persisten después de la pérdida de peso. Si todavía odian el trabajo, ya no están enamorados de su pareja, lleva una relación difícil con sus colegas, o las preocupaciones económicas aún continúan, por ejemplo, esto puede ser difícil de solucionar si hubiesen echado toda la culpa de estos problemas a su obesidad.

Parte del tratamiento con la hipnoterapia con banda gástrica aborda por qué el paciente come en exceso. Ésta es una parte vital de su autodescubrimiento. Una vez que se desbloquea, les permite abordar estos puntos antes de que lleguen los puntos de crisis.

La hipnosis también ofrece soluciones a otros problemas que la cirugía no puede abordar.

MODULO 3
Como Funciona Nuestra Mente

Objetivos de Aprendisaje:
Al finalizar éste modulo sabrás como funciona nuestra mente subconsciente, que son las ondas cerebrales y el estado de trance hipnotico. Qué es la hipnosis, cómo funciona y algunos de los mitos que se tejen alrededor de ella. Esto es una introduccion del Modulo 5 donde se te enseña la técnica de la autohipnosis.

Primero que nada, algunas breves definiciones que te ayudarán a comprender, el papel que juega la mente subconsciente en lograr tu meta de bajar de peso y controlar tus niveles de azúcar en sangre con la colocación de la banda gástrica virtual.

Como Funciona Nuestra Mente

La mente está dividida en dos partes: la mente consciente y la mente subconsciente.

La mente consciente tiene a su vez cuatro partes: racional, analítica, fuerza de voluntad y memorial temporal. La mente consciente es donde empleamos la mayor parte de nuestro tiempo, sin embargo, es la parte más débil de nuestra mente.

La fuerza de voluntad pertenece a la parte débil de la mente: la mente consciente. ¿Cuántas veces has intentado cambiar un mal hábito usando la fuerza de voluntad? ¿Cuántas veces has fallado? Tal vez muchas veces. Y la explicación es que no has trabajado con la parte de la mente adecuada.

La parte más poderosa de nuestra mente es la mente subconsciente: la imaginación, la memoria permanente, los hábitos, los sentimientos y las emociones, las creencias, el sistema nervioso central autónomo están todos alojados en la parte de la mente subconsciente. Y es la que debes trabajar y entrenar para hacer el mejor uso de ella, que te obedezca. Y te enseñaré como hacerlo de forma efectiva por medio de la autohipnosis.

Somos la Suma Total de Todo Nuestro Pasado

La mente subconsciente contiene nuestra memoria permanente. Cada pieza de información que hayas recibido a través de tus cinco sentidos es almacenada en tu mente subconsciente. Comenzando desde que estabas en el vientre de tu madre, todo deja una huella impresa y es almacenada en la parte subconsciente de nuestra mente.

Luego comenzamos a construir una base de datos de información que se convierten en creencias y hábitos, y todo esto desarrolla quiénes somos hoy en día.

Pensaremos nuestro próximo pensamiento, actuaremos nuestra próxima acción y sentiremos nuestro próximo sentimiento basado en todo lo que ha sucedido en nuestro pasado. Somos la suma total de todo nuestro pasado.

Nuestra memoria permanente es como un disco duro en una computadora, es un sistema altamente organizado y lo sabemos porque funciona por asociación al igual que una computadora u ordenador. Por ejemplo, si vas manejando tu carro o automóvil y escuchas una vieja canción, los sentimientos que te producen al acordarte de los viejos amigos o recuerdos asociados con esa canción podrían volver a ti en un instante. Nuestra mente subconsciente es como nuestra computadora y a veces necesitamos reprogramar nuestras computadoras.

Necesitamos Reprogramar Nuestras Computadoras

Los hábitos, sentimientos, creencias y emociones también se almacenan en la mente subconsciente. La mente subconsciente es la mente que siente. La hipnosis con la ayuda de un terapeuta o la autohipnosis con la ayuda de ti mismo puede ayudarte a tomar conciencia de los sentimientos o emociones relacionados con tu problema. Cuando permitas que esto suceda, ¡estás en camino de hacer un cambio permanente!

Nuestro Sistema Nervioso Autónomo

Nuestro sistema nervioso autónomo está relacionado con lo que sabemos hacer automáticamente, como respirar, comer, nuestros latidos cardíacos y la circulación sanguínea. Cuando nos cortamos, no tenemos que decirnos a nosotros mismos que debemos sanar, no tenemos que decirnos a nosotros mismos cuando estamos cansados o hambrientos, nuestra parte subconsciente de la mente se encarga de eso por nosotros.

Las Ondas Cerebrales – Estado de trance hipnótico

El cerebro humano produce una actividad eléctrica que se mide en ondas cerebrales. Un electroencefalograma mide estas ondas cerebrales en frecuencias, también conocidas como ciclos por segundos o Hertz. La siguiente tabla explica cuatro diferentes ondas cerebrales y como estas ondas están relacionadas con la hipnosis y las partes de la mente: consciente y subconsciente.

Onda Cerebral: Beta

Estado de Consciencia Estado de Alerta. En este estado percibimos el espacio y el tiempo.
(al comienzo de una sesión hipnótica)
Frecuencia 30 –14 Hz

Onda Cerebral: Alfa

Estado de Consciencia Cuando estamos relajados, la atención se desconecta del exterior y se conecta con el interior. Cuando sueñas despierto. Mente tranquila. Meditación y Visualización. El estado perfecto para desarrollar la creatividad, la memoria y la intuición (Estado ligero hipnótico)
Frecuencia 13 – 8 Hz

Onda Cerebral: Theta

Estado de Consciencia Cuando pasas del sueño superficial al sueño profundo. El estado ideal para conectarte con tu yo interior y conseguir meditaciones profundas (cuando tu hipnoterapeuta te lleva a un estado más profundo o usas un profundizador si estás haciendo autohipnosis. En este estado los eventos y emociones del pasado pueden ser identificadas)
Frecuencia 7.0 – 4.0 Hz

Onda Cerebral Delta

Estado de Consciencia Cuando te duermes y esta inconsciente. La mayoría de las personas no se quedan dormidas durante la sesión de hipnosis, si esto sucede, es por un breve momento y regresas a estado theta donde enfocan su atención. El estado ideal para conseguir un sueño profundo y reparador.
Frecuencia 6.0 – 0.5 Hz.

¿Qué implica la banda gástrica virtual?
Acerca del Procedimiento Hipnótico

Algunas personas asocian la hipnosis con lo extraño y misterioso, que la hipnosis es un campo de curanderos y espectáculos de circo.
La hipnosis es una terapia alternativa, cae más bien en el campo de la autoayuda, y como tal, esta enteramente en tus manos, con cierta guía de parte de tu terapeuta.

El estado de trance hipnótico es un estado mental muy natural en el ser humano. Cada día entramos en pequeños trances hipnóticos sin darnos cuenta como por ejemplo cuando conducimos de forma automática mientras vamos pensando en otras cosas.

La hipnosis es una herramienta muy útil para tratar fobias, adicciones, estados de ansiedad, problemas de autoestima, falta de concentración para calmar el dolor y para alcanzar determinadas metas en el deporte. Grandes deportistas famosos como Jimmy Connors, David Beckham, Michael Jordan, André Agassi o Tiger Woods recurrieron a la hipnosis en algún momento de sus carreras y actualmente muchos deportistas la utilizan para mejorar su rendimiento.

En este programa de banda gástrica virtual, se utiliza la hipnosis ericksoniana. Esta toma su nombre del psicólogo estadounidense Milton Erickson, probablemente el hipnoterapeuta más importante del siglo 20. Este tipo de hipnosis, al contrario que la hipnosis clásica que utiliza un lenguaje imperativo mientras lanza directamente a la parte inconsciente del cerebro las sugestiones. Ericsson provee un tipo de hipnosis más abierta, con un lenguaje metafórico y onírico que favorece el pensamiento creativo y reflexivo de la persona y la anima para que ésta busque entre sus propios recursos la solución a sus problemas.

Nuestro consciente sabe y siente dónde estás sentado mientras nuestro inconsciente se deja llevar por la experiencia que le proporciona el hipnotizador con sus sugestiones.

La hipnosis no es un fenómeno paranormal, para empezar nadie puede ser hipnotizado si no quiere. La persona hipnotizada tampoco está dormida como muchos piensan, al contrario, está despierta y se da cuenta de todo lo que pasa y es que en un estado de sueño profundo la hipnosis no daría resultado ya que no habría comunicación entre el hipnotizador y el hipnotizador.

La hipnosis tampoco borra recuerdos de la mente. La hipnosis puede ayudar al hipnotizado a romper la vinculación emocional que mantiene con algunos de sus recuerdos limitantes, pero no puede volverle amnésico. La persona hipnotizada no pierde el contacto con la realidad ni tampoco su voluntad porque el inconsciente se maneja con nuestras creencias y nuestros valores.

Así que si alguna sugestión del hipnotizador fuera contra ellos como por ejemplo pedirnos que matemos a alguien el inconsciente se revelaría e inmediatamente saldríamos del trance.

Con esta breve información, ahora ya sabes que es la hipnosis, cómo funciona y algunos de los mitos que se tejen alrededor de ella.

MODULO 4
Cronología de la Banda Gástrica Virtual:
Un caso real

Objetivos de Aprendisaje:
Al finalizar éste modulo conocerás un caso real seguido paso a paso luego de la colocación de una banda gástrica virtual.

Que hacer y qué esperar

Para darte una idea de lo que es más probable que experimentes y el tipo de cambios que puedes esperar, compartiré mi propia experiencia. En mi caso particular, me decidí por la opción de consumir productos comerciales de sustitutos de comidas y no de comida real. Sin embargo, ten en cuenta, que en este programa te suministramos los dos caminos a seguir para que puedes elegir: con sustituto de comidas o con comida real. Es una elección personal.

Soy Clara y esta es mi historia

Hace algunos años, fui diagnosticada prediabética, anterior a este diagnóstico, venia padeciendo de ovarios poliquísticos e hipotiroidismo. Mi salud se deterioraba a pasos agigantados, debido entre otros factores, al exceso de peso que tenía. Cuando fui diagnosticada prediabética, me hicieron un eco de la zona abdominal y consiguieron que tenía hígado graso no alcohólico.

Los médicos me hacían creer que usaba mis síndromes de excusa para no bajar de peso. Parte de mis conocimientos los adquirí siguiendo el maravilloso trabajo que realiza el Dr. Roy Taylor y su equipo en la Universidad de Newcastle, Inglaterra para la organización Diabetes UK, acerca de cómo revertir la diabetes tipo 2 y prediabetes en pacientes adultos.

Decidí seguir la dieta de 800 calorías como parte de la terapia de la banda gástrica virtual utilizando los productos comerciales de reemplazo de comidas muy conocido y que tienen una buena reputación en el Reino Unido, el cual ha sido diseñado especialmente para revertir la diabetes tipo 2. Pedí una cita con mi médico y le hice la consulta.

Durante la búsqueda de conocimientos que me ayudara a solucionar mi problema de prediabetes, ya que los médicos no me dieron ninguna solución que realmente funcionara. Descubrí cuales eran mis saboteadores de mi pérdida de peso. Si estas interesado más sobre el tema, mi libro "Los saboteadores de la pérdida de peso" está disponible en www.mente-subconsciente.com.

Hice una apuesta con mi médico de cabecera...ella no lo creía

Tenía 30 kg de sobrepeso y una cintura de 106 cm. Empezaba a tener un aspecto no sólo de barrigona, sino también extrañamente como gris y enferma. Una piel reseca, caída de cabello, dolores crónicos en la cintura y los hombros y un largo etcétera. Poco después de ser diagnosticada como prediabética, fui a mi médico de cabecera y le expliqué mis deseos de seguir la terapia de la banda gástrica virtual y el enfoque de las 800 calorías por día para curar mi prediabetes. Jamás creyó que lo lograría, he hicimos una apuesta. Sin embargo, se comprometió a ayudarme a medir el azúcar y hacer el seguimiento de mi salud en general.

Me sometí a la terapia para la colocación de la banda gástrica con hipnosis. Fueron 4 sesiones y una más para el ajuste de la banda.

Mi primera sesión de hipnosis

Después de la sesión de hipnosis No. 1 "Preparándote para la pérdida de peso", me sentí un poco extraña. Debo decir, para el entonces, no estaba familiarizada con la hipnosis, y que lograr el trance me costó un poco. Luego que me situé en mi casa mental, aprendí a relajarme, se me hizo mucho más fácil. Algo fundamental es creer que la terapia va a funcionar, es decir creer y tener Fé.

Por alguna razón que no se explicar, al terminar esta sesión, me sentí con unas ganas increíbles de hacer cambios en mi alimentación y en mi vida en general. Algo me decía dentro de mí, que esto si iba a funcionar. Al día siguiente, fui al supermercado y notaba que algo me impulsaba a estar más tiempo en el área de los vegetales. Tomar más tiempo en admirar, escoger y seleccionar los diversos vegetales. Me parecía un festival de colores y texturas. Nunca los había percibido de esa manera. La fragancia que emanaban, en fin, una experiencia nueva para mí.

En los días siguientes, se venían imágenes a mi mente de forma espontánea, donde me veía a mí misma entrando en la oficina y todos volteándose asombrados de ver mi cambio físico, la transformación en mi cuerpo y ánimo. Era algo en mi imaginación, que lo sentía muy real. Todavía, luego de cinco años, puedo describir con detalles esas imágenes proyectadas en mi mente de forma natural. Eso me daba mucho ánimo de seguir adelante.

¿Qué paso en las siguientes sesiones?

Luego de la sesión No. 2 "Preparándote para la Cirugía" y No. 3 "Encogiendo el estómago". Me sirvió mucho el llevar conmigo la pelota de goma que utilice en la sesión No. 3 a todas partes. Todavía sentía la gran diferencia entre el objeto grande en la mano derecha y la pelota de tenis en mi mano izquierda. Se me venía a la mente, la imagen de mi estomago que es muy pequeño, apenas del tamaño de un puño y que se satisfacía con muy poco volumen de comida. Y que, si lo forzaba a estirarse, sentiría náuseas y dolor. Cada vez que sentía algún deseo de comer algo fuera de la norma, apretaba con fuerza mi pelota de goma y lo asociaba con mi estómago. Era como si se hubiese establecido una conexión directa entre la pelota y mi estómago.

Pronto empecé a experimentar un sabor más intenso de los alimentos. Los aromas se intensificaron. No me provocaba comer algunos platos que antes me gustaban.

Todo lo iba anotando o grabando con mi voz, me fui tomando fotos a lo largo del proceso. Las nuevas sensaciones, los nuevos placeres, los cambios en las papilas gustativas. Sentía que la ropa estaba un poco más floja. Y eso que todavía no me había colocado la banda gástrica. Estaba aún más emocionada.

El día de la colocación de la banda gástrica

Llego el día de la sesión No. 4 – la colocación de la banda gástrica. Estaba muy emocionada, ese día me levante muy temprano. Tal como me aconsejaron, no había comido nada desde las 6 de la tarde del día anterior, solo bebido agua. Durante el trance, me sentía cómoda, relajada y tranquila.

En esta sesión, luego de lograr el trance hipnótico, se te lleva con el uso de tu mente, desde que te levantas de la cama, ir al hospital, a tu habitación, la camilla por el pasillo. Percibes el aroma del alcohol, los sonidos del metal de los instrumentos quirúrgicos, todo se escucha, se siente y se imagina como algo real. Todos tus sentidos están muy receptivos. Es muy convincente. Yo estaba convencida que me estaban colocando la banda gástrica real por medio de la cirugía. Así me sentí. Que me estaba sometiendo a la cirugía de verdad.

En mi mente, me proyectaba a mí misma sometiéndome a la cirugía, hasta podía percibir el aroma típico de las clínicas, de las gasas y los algodones. El color verde y azul resaltaba, es el color de las batas de los médicos o sabanas de las camas hospitalarias. El frio de la sala de operaciones. Todo lo sentí muy real.

Podía ver mi estómago en mi mente. Proyectado. Todo seguía pareciendo tan real. Ese día, estuve en cama por un buen rato. Me levantaba con cuidado, hasta sentía que tenía una gasa puesta sobre el vientre, donde supuestamente había puntos de sutura (imaginarios).

Había pasado todo el día sin comer, solo bebido agua. Intente beber uno de los batidos proteicos de la reconocida marca, aquí en el Reino Unido, de sustitutos de comida. Me sorprendí de la poca cantidad de comida que mi estomago podía tolerar. Mi mente estaba muy bien enfocada en el presente. Sentía una alegría inmensa y una esperanza muy real que esta terapia me liberaba de la prediabetes.

No me sentí privada de nada

El día 4 luego de la colocación de la banda virtual gástrica y de seguir la dieta de 800 calorías. Me sentía bien, aunque un poco extraña, no sentía mareos. Me acuerdo de que mi esposo me preguntaba insistentemente, si no sentía hambre, que, si estaba desesperada de hambre, que no sabía cómo yo podía aguantar solo comiendo 800 calorías al día. Que, si fuera el, se querría comer hasta el perro, pero ese no era el caso.

Era cómo comer menos, pero comer mejor

Para entonces, mi glucosa en ayunas ya había bajado un 30% y cuando me subí a la balanza descubrí que había perdido más de 3 kg, solo en cuatro días. Estaba consciente que esto se ralentizará, pero era muy motivador.

Preparé mis batidos, comí mis barras proteicas y preparé los productos de reemplazo de comidas según las instrucciones del proveedor. Me hice una experta en preparar sopas con vegetales bajos en carbohidratos de 200 calorías para complementar los productos y hacer un total de 800 calorías diarias.

Al principio, no me gustaba el sabor fuerte a vitaminas de los productos, pero al comer con hambre natural, me sabían mejor, hasta que me fui acostumbrando. Lo veía, como cuando uno se toma una medicina, que por lo general no saben muy bien, pero curan, y te alivian de tus enfermedades.

Me propuse un desafío, el objetivo era no preocuparme por cómo podía sobrevivir con solo 800 calorías. Fue algo así como de qué forma puedo entrenar mi paladar para que acepte los nuevos sabores. Volví a experimentar lo sabroso que se siente comer con hambre. Era una sensación extraña en el paladar. Experimentaba sabores nuevos, que se sentían más intensos conforme recuperaba y reconocía mi hambre natural. Esa sensación que había perdido desde que era un bebe, y que solo pedía comida cuando sentía mi hambre natural. Era cómo comer menos, pero mejor. Internalice que lo comemos para vivir y no vivimos para comer.

No me sentí miserable

Perdí 5 kg en los primeros siete días. Para el día 9, mis niveles de azúcar en sangre se habían normalizado. Mi deleite es claro, ¡sí! ¡el primer resultado por debajo del umbral de prediabetes! Hoy por hoy ya no soy prediabética.

Dos días después, la lectura de azúcar volvió a bajar. Escribí en mi diario "¡Hola páncreas, te estoy haciendo trabajar con normalidad otra vez! ¡Te estoy quitando peso de encima!"

Me animó enormemente ver que todo estaba sucediendo tan rápido. Estoy perdiendo peso tan rápido, mi azúcar en sangre parece estar bajo control. Y sucede casi de inmediato. El hecho de que yo tuviera el control, y haciendo algo acerca de mi salud, también me estimuló. Por esos días, la vida no había tenido el éxito que siempre había tenido en el pasado. Esto que me estaba sucediendo me ayudó a cambiar ese sentimiento negativo que estaba experimentado para mejor.

No se como describir con palabras los niveles de euforia y energía que estaba sintiendo. Me sentía en la cima del mundo.

Continúe mi vida normal en mi trabajo y en mi vida familiar. Preparaba mis comidas de reemplazo de comida en el trabajo, ya que tenía la facilidad de un microondas. Mi esposo me preguntaba: ¿te sientes bien? ¿te sientes débil o mareada? No me podía creer la euforia y la felicidad que me embargaba y no sabía cómo explicárselo.

Quería gritarle al mundo, lo feliz que me sentía, pero no sabía explicar el por qué.

Me acuerdo de que le decía a mi esposo, que se me venían hacia mi boca una sensación de sabores de platos que había comida hacía muchos años. Como el pernil navideño que, hacia mi papá, ya fallecido. Sentía como si lo estuviera comiendo, el sabor de los clavos de olor, las especias, el laurel, el jugo que salía de las fibras de la carne al masticarlo. Les parecerá imposible, esto que experimenté. Realmente sentía que tenía un trozo de pernil en mi boca, y que lo degustaba con todo placer con el sabor exacto al pernil que hacia mi papá.

Seguí mi camino trazado

Seguí mi camino trazado, la gente empezó a notar mi baja de peso, y me preguntaban cuál era la dieta o el secreto. Cuando empezaba a contarles lo que estaba haciendo, les hablaba de la banda gástrica virtual, las 800 calorías, lo que estaba comiendo.

Su actitud cambiaba drásticamente, su paradigma mental que comer menos de 1200 calorías al día es dañino para la salud, y que los productos comerciales de reemplazo de comida son dañinos para salud. Simplemente creían que estaba haciendo algo incorrecto. Que si lo que estaba haciendo estaba avalado por un médico.

En fin, toda una preocupación, porque estaba con un plan alimenticio de 800 calorías diarias. Que si se me iban a destruir los músculos. Inclusive, algunos familiares hasta se ofendieron al decirles que yo seguiría mi camino trazado.

Algo curioso que quiero decirles es que nadie me preguntó si mi salud había mejorado, si mi azúcar ya estaba bajo control. Las personas se van más por la apariencia física solamente, es lo que ven, más que lo que no pueden ver.

Fue muy fácil lidiar con el hambre natural

Usé la aplicación MyFitnessApp, que escaneaba y medía todo lo que comía, y producía un informe de las calorías y el contenido de los alimentos. Tenía que tener un control absoluto de las otras 200 calorías para complementar las 600 calorías obtenidas de comer los productos comerciales. Me hice de unas recetas de sopa a las cuales llamo sopas milagrosas, era muy práctico y me daba una sesión de llenura mayor que comer ensaladas. Además, no me quitaba mucho tiempo en prepararlas. Parte del recetario que anexo a este programa, están las recetas de mis sopas milagrosas.

Me di cuenta de que las veces que pensaba que tenía hambre, a menudo era simplemente un antojo o sed y si hacía algo más, para distraer mi mente, la sensación pasaba. No todo fue sencillo. Hubo días en los que mis niveles de azúcar subieron, pero no dejé que esto me descarrilara de mi propósito. Fueron lapsos, no recaídas. Me ayudó mucho llevar un diario que me mantuvo consciente de lo que estaba haciendo. Volví a encaminarme.

Con estos resultados, logré no solo sorprender a mi médico de cabecera, familiares, colegas y amigos, sino también desmentir todos los mitos sobre la pérdida de peso rápida.

Fui a mi consulta con mi médico para la revisión de las dos semanas.

El caso de Richard

Hay personas, que han perdido peso, pero sus niveles de azúcar siguen erráticos. Al final, fueron diagnosticados con diabetes tipo 1. Este el caso de Richard, un familiar de un compañero de trabajo que le recomendó conversar conmigo y que le contara mi experiencia acerca de la banda gástrica virtual. Luego de la colocación de la banda gástrica virtual lo ha ayudado a perder peso, pero no ha logrado curarse de la diabetes. Descubrió, gracias a su médico, que había desarrollado una diabetes tipo 1. Esta terapia no funciona para personas con personas que padecen diabetes tipo 1. Sin embargo, el reducir de peso, lo ha ayudado en otros aspectos, como mejorar su colesterol y triglicéridos a mantenerlos en un estado normal y el aumento de los niveles de energía.

El caso de Anabela

Sin embargo, otras personas pierden peso de una forma demasiado rápida. Anabela era una compañera de trabajo, a la cual si creyó en la terapia que yo estaba siguiendo y se animó. Siguió sus sesiones de banda gástrica virtual, y ella al contrario que yo que consumía productos comerciales, Anabela preparaba sus comidas bajas en hidratos de carbono y sujeta a 800 calorías diarias. Compartíamos recetas de nuestras sopas milagrosas. Anabela, hacia el final de su segunda semana, había perdido casi 15 kg de peso.

En la oficina, le colocaron el apodo de "la desvanecida", porque parecía que se estaba desapareciendo. Valió la pena, a los 11 días, logró controlar sus niveles de azúcar.

Anabela es de esas personas flacas-gordas. Delgada, pero con una barriga prominente, con problemas de diabetes y triglicéridos altos. Cuando empezó a bajar de peso, luego de colocarse la banda gástrica virtual, todo su cuerpo se volvió magro. Y lucía extremadamente delgada. Bromeando ella me decía "es mejor parecer *ropa sola* que terminar con un pie amputado por la diabetes".

Seguí bajando de peso

Los colegas en la oficina me decían que no bajara más de peso, que me veía bien así. La angustia en sus caras, de verme tan delgada. Llegué hasta preocuparme y tener una falsa hipótesis de que no podía controlar la pérdida de peso. Cuando fui al médico a mi chequeo de las 4 semanas, me dijo que todavía me faltaba bajar otros 10kg de peso, para estar en un rango normal. Con una palmadita en la espalda, y con su cara de incredulidad, mi médico no hizo mucho alarde de mi gran logro hasta este momento y se limitó a decirme "te faltan otros 10kg". Ya había perdido 19kg y me faltaban otros 10kg, es decir, un total de 29kg. Dejarse guiar por comentarios es lo peor que puedes hacer, sigue tu camino.

La revisión de las 4 semanas

Fui a mi consulta con mi médico para la revisión de las cuatro semanas. Estos son los resultados que obtuve hacia el final de la semana 4:
La glucosa en ayuno disminuyó de 9.2 a 5.7 mmol/l
La insulina en ayuno disminuyó de 151 a 57 pmol/l
Análisis de la función hepática Gamma-glutamil-transferasa (GGT*) disminuyó de 62 a 25 U/l (unidades por litro) (siendo 8-61 U/l el rango normal)
La GGT* es una enzima de la sangre. Si los niveles son más altos de lo

normal, es posible que el hígado o las vías biliares estén dañados.

La revisión al final de la semana 8 y la celebración

Hacia el final de la semana 8 después de colocada la banda gástrica virtual y haber seguido las 800 calorías al día. Sentí grandes cambios en la forma de mi cuerpo y bioquímica. Duermo mejor, me siento orgullosa de lo logrado. Debo decirte, que toda mi ropa que usaba talla 18 y 20, la doné a la tienda de caridad.

No paraba de mirarme en el espejo, sin poder creer lo que había logrado. En mi caso, fui a un fotógrafo profesional y me tomé varias fotos. Era impresionante el cambio físico. Las fotos fueron directo a mis medios sociales. No paraba de gritarle al mundo lo feliz que me sentía en ese momento.

Mi celebración fue un viaje con mi familia a Suiza, subí hasta el famoso Matterhorn. Allí pensaba que había llegado al cielo, rodeada de una nieve de un color blanco muy intenso, difícil describir la inmensa paz y felicidad que me embargaba. Y me hice un cartel, "Yo Clara, logré bajar 29kg de peso y liberarme de la prediabetes", por allí debe andar la foto, como un permanente recordatorio.

Llegar a este punto, es un extraordinario logro, no queremos deshacer lo andado. Ahora la gran preocupación es "Como voy a lograr mantenerme así por el resto de mi vida"

Razones por las que creo que lo logré

Me tomó 28 días ver que mis resultados de azúcar en sangre se estabilizaban en el rango normal y 12 semanas bajar 28 kg de los 30 kg que necesitaba perder.
· Estaba motivada.
· Realmente creí en la teoría del Dr. Taylor que está detrás de esta terapia.
· Realmente creí que la Banda Gástrica Virtual funcionaba, mi estómago

se redujo tanto como el tamaño de una pelota de goma.

· Me impulsaba demostrarle a la gente que estaba equivocada con relación a que comer menos de 1200 calorías al día y que los productos comerciales eran dañinos.

· Especialmente mi médico de cabecera, que aún no me ha pagado la apuesta.

· Mi familia fue un gran apoyo.

La Fase de Mantenimiento – una forma de vida

Te relato mi experiencia personal, hace 5 años que tengo colocada mi banda gástrica virtual. Es normal, subir unos kilos, a medida que aumentas la ingesta calórica, porque estas reponiendo tus almacenes de glucógeno que perdiste. Yo la aumenté de 800 a 1200 calorías diarias.

Claro, no estoy tan flaca que como me veía al finalizar las 8 semanas después de colocada la banda gástrica. Llegué a usar talla 12 en pantalón. Sin embargo, he mantenido mi talla 14 de pantalón y 12 de blusa por los últimos 5 años. He aumentado en total un máximo de 7 kg de los 28kg que había bajado. Y allí se me estabilizó el peso. Tu manejo de energía interna actúa como un péndulo, va girando de un lado para el otro, hasta que llega a un punto, que no se mueve más, es decir, llega a un equilibrio, ni engordas ni enflaqueces. Esto es debido que tu manejo de energía esta equilibrado. Comas un poco más o un poco menos no va a hacer ninguna diferencia.

Lo importante es que no soy prediabética, que mi colesterol está bien, mi último examen de tiroides arrojó un valor en el rango menor. Y mantengo muy bien los niveles de energía.

Eso fue hace varios años, y mantengo mi pérdida de peso al continuar siendo activa y llevar una dieta baja en carbohidratos y también continúo consumiendo los productos de reemplazo de comidas para el desayuno y el almuerzo, son muy prácticos y mantengo el control de lo que como. También sigo el ayuno intermitente, o la dieta del 5:2. Todo esto sirve para mantenerme libre de la diabetes. Una vez que haces que tu páncreas e hígado vuelvan a funcionar correctamente, lo demás es más fácil durante la fase de mantenimiento.

MODULO 5
Las sesiones de autohipnosis: Paso a Paso

Objetivos de Aprendisaje:
Al finalizar éste modulo estarás preparado para iniciar tus sesiones de autohipnosis paso a paso para la colocación de la banda gástrica virtual con éxito y las instrucciones de como lograr el trance hipnotico.

¿Qué Es La Autohipnosis?

Con cierta práctica la persona puede hipnotizarse sin ayuda externa sugestionándose ella misma dentro de un proceso de autohipnosis.

Este programa de la banda gástrica virtual consiste en 4 sesiones autohipnóticas más el ajuste de la banda:
Sesión No. 1: Preparándote para la pérdida de peso
Sesión No. 2: Preparándote para la Cirugía
Sesión No. 3: Encogiendo el estómago
Sesión No. 4: Colocación de la banda gástrica – El día de la cirugía.
Ajuste de la banda gástrica

Las descargas de MP3 de los guiones de autohipnosis grabadas profesionalmente, las puedes adquirir con un precio adicional de la web
www.mente-subconsciente.com.

Esta terapia se complementa con un plan alimenticio, que se explicará en el Modulo 6.

La ventaja de tener las audioguías de cada sesión a tu disposición es que las puedes escuchar las veces que quieras, desde la tranquilidad de tu hogar u oficina. Lleva un diario, y ve grabando tus experiencias, como te sientes, que notas diferente en tu percepción hacia tu mundo exterior. Cambios en tu apetito, etc.

Este programa se complementa con una guía paso a paso, de cómo usar las audioguías de cada sesión hipnótica. El plan de alimentación sugerido a seguir. Cuidados postoperatorios.
Los seguimientos y monitoreo que puedes seguir con tu médico y la fase de mantenimiento.

Antes de Empezar

Para que el programa y la colocación de la banda gástrica virtual sea todo un éxito debes realizar una serie de pasos previos, lo que llamamos las claves del éxito:

Las Claves del Éxito

El programa está estructurado en estas claves, apréndelas, síguelas y aplícalas y veras como tendrás éxito y conseguirás tu objetivo.
Se necesita:

(1) Aprender a quererte y creer en ti mismo.

(2) Aprender la importancia de la hidratación.

(3) Aprender a respirar correctamente.

(4) Aprender a dormir y descansar lo suficiente.

(5) Aprender a escuchar tu cuerpo y nutrirlo de acuerdo a sus demandas.

(6) Aprender a distinguir entre tener hambre y tener antojos.

(7) Aprender a vencer paradigmas y llevar tu cuerpo a un nivel de quema de grasa efectiva.

(8) Aprender a identificar tus creencias limitantes y desafiarlas.

(9) Aprender a entrenar tu mente subconsciente por medio de la autohipnosis para:

    a.   Cambiar los hábitos alimenticios y de vida.

    b.   Cambiar creencias limitantes.

    c.   Manejar mejor el estrés.

    d.   Tener el control.

    e.   Derrumbar paradigmas.

    f.   Operar desde el marco de la abundancia

(10) Creer firmemente que esta vez si te va a funcionar y que estas a un paso de encontrar la mayor felicidad que jamás hayas experimentado anteriormente.

Diferencia entre tener Fe y Creer

La Fe es lo que pasa en el corazón y la creencia es lo que pasa en tu mente. Tenemos que cultivar ambos y alinearlos. Es importante resaltar que esta conexión entre la Fe que tienes y la creencia crea coherencia. Es decir, tu creencia y tu Fe, se alinean para crear una realidad determinada. Si falta alguno de estos elementos, no vas a conseguir lo que quieres. Debes tener Fe en que lo quieres que pase en tu vida y creerte capaz de tenerlo o de serlo. Es necesario, que tengas claridad.

Cuando tienes claridad en tus objetivos, es más fácil tomar las acciones adecuadas para que te conduzca hacia la realidad que tú quieras, pregúntate:

    ¿Te estas concentrando en lo que quieres ganar o en lo que puedes perder?

    ¿Te estas centrando en lo que te está yendo bien o en lo que te está yendo mal?

Si has contestado que te concentras mas en lo que puedes perder y en lo que te esta yendo mal, estas operando desde la escasez y será difícil reprogramar la mente y por ende la Banda Gástrica virtual no te funcionará para lograr tu objetivo de recuperar tu salud.

Si has estado operando desde un estado de escasez es muy importante que lo cambies a un estado de abundancia. Se más optimista. Este pequeño cambio te será de gran ayuda en el éxito de este Programa de la Banda Gástrica virtual.

Antes de comenzar con las sesiones de hipnosis, es decir, las audioguías. Por favor asegúrate de internalizar y alinear tu Fe con tu firme creencia de que esta vez sí va a funcionar y vas a tener un gran éxito. Allí estaremos para celebrar contigo.

¿Qué puedo hacer si las cosas empiezan a ir en la dirección equivocada?

Primero, revisa que estas siguiendo tu dieta, verifica el consumo de carbohidratos, el número real de calorías al día.
· Revisa los tamaños de tus porciones.
· Revisa si se estas hidratando lo suficiente.
· Si estas pasando por un periodo de estrés o mal momento en tu vida, el nivel de cortisol se eleva y puede alterar tus niveles de azúcar en sangre.

El estrés y los problemas de azúcar en sangre están fuertemente conectados. Altos niveles de la hormona del estrés, cortisol, hace que tus músculos y otros tejidos se hagan más resistentes a la insulina. El estrés reduce la habilidad de la insulina para proveer el azúcar en las células y producir la energía necesaria para que tu cuerpo funcione. El cortisol también estimula tu hígado para que libere más azúcar en tu torrente sanguíneo.

Las técnicas empleadas en el libro "Control Efectivo del Estrés con Autohipnosis" que puedes conseguir en nuestra web www.mentesubcosnciente.com puede ayudarte en conseguir un mejor control sobre el estrés.

Finalmente, no desesperes, ni te rindas. Este programa te ofrece guías basadas en ciencia y muchos consejos.

El punto principal es que afines estos consejos y recomendaciones para que funcionen para tu caso particular. Unirse a la comunidad en línea de mentesubconsciente donde encontraras persones que, como tú, se decidieron a probar este programa. Unirte a nuestro grupo puede ser muy beneficioso y útil para mantenerte actualizado con los últimos adelantes científicos en esta materia o simplemente compartir tu experiencia.

Preparación Previa

Prepararte y planificar tus sesiones para que la implementación del programa de colocación de banda gástrica virtual sea todo un éxito es fundamental. Descubrir las posibles causas de tu aumento de peso y establecer claros objetivos. Practicar hasta lograr el trance hipnótico. Establecer el punto de partida de tu camino hacia la recuperación de tu salud.

Antes de escuchar el MP3 de la primera sesión, realiza estos pasos previamente:

1. Usa la balanza y toma la medida de tu peso en kilogramos, también mide tu estatura en metros. Calcula el Índice de Masa Corporal (IMC) que se calcula dividiendo los kilogramos de peso por el cuadrado de la estatura en metros (IMC = peso [kg]/ estatura [m2]). Según el Instituto Nacional del Corazón, los Pulmones y la Sangre de los Estados Unidos

(NHLBI), el sobrepeso se define como un IMC de más de 25. Se considera que una persona es obesa si su IMC es superior a 30.

2. Aquí te dejo un enlace, que te servirá de calculadora, https://www.texasheart.org/heart-health/heart-information-center/topics/calculadora-del-indice-de-masa-corporal-imc/

3. Con la cinta métrica, toma la medida del tamaño de las caderas, busto, cintura y la muñeca y anótalos en un cuaderno, junto a tu IMC, peso en kg. Anota la fecha.

4. Acude al médico, infórmale de tu plan de seguir este programa. Consigue un compromiso de parte de tu médico para que te haga el seguimiento de las 2,4 y 8 semanas. Si no logras este compromiso y tienes los dispositivos adecuados, puedes hacerte tus chequeos como tomarte la tensión, medirte el pulso, la glucosa en sangre. Anótalos en tu cuaderno.

5.Tomate una foto de frente y otra de perfil, de cuerpo completo, es importante que recuerdes la ropa que usas al momento, ya que, en el futuro, a medida que avanzas con el programa, las sesiones de fotografía serán realizadas usando la misma ropa. Lo ideal es que te tomes fotos al final de cada semana para ir viendo el progreso a medida que avanzas en el programa.

6. **Fijando los objetivos**: Tienes que tener muy claro el peso final que quisieras tener al término del programa. Debes llegar a un peso saludable, es decir, un IMC de menos de 25. Según el equipo NLOSS (North London Obesity Surgery Service por sus siglas en inglés), la siguiente tabla es un indicativo del promedio de pérdida de peso que idealmente deberías perder por semana y por mes después de la colocación de la banda gástrica virtual. Utilízala como una guía y fija tus objetivos:

Por semana: 1.5-2kg (3-4lb)
Primer mes: 6-8kg
Segundo mes: 4.5kg por mes
Tercer mes: 1.1 kg (2lb) por mes

7. **Busca tu reforzador**: determina cuál es tu principal motivación, esto te ayudará muchísimo a reprogramar la mente subconsciente con objetivos bien definidos, afirmaciones, sugerencias y reforzamientos. Te doy algunos ejemplos para que te inspires, y escojas tu "reforzador":

a. Quieres curarte de la diabetes tipo 2 siguiendo el procedimiento del Dr. Roy Taylor.

b. Quieres alcanzar tu peso saludable de IMC<25 para el día de tu boda, el reforzador será usar tu vestido de bodas de una talla especifica.

c. Quieres alcanzar un peso saludable para usar ese vestido o traje que solías usar años atrás y que tanto te gusta.

d. Una foto de ti cargando un bebé, porque quieres bajar de peso para lograr quedar embarazada.

Te recomiendo tener una foto o escribir tu principal motivación, cargarla contigo en tu teléfono móvil, para que te ayude a fijarla en tu subconsciente.

8. **Piensa acerca de tus hábitos alimenticios**: hazte un examen de conciencia. Te sugiero completes el formulario que te anexo al final de esta sección.

9. **Identifica el problema o preocupación** que quieres resolver. Pregúntate si es simplemente son malos hábitos de vida y alimentación o hay algo más que se esconde.

10. **Identifica que nivel de actividad física** realizas actualmente y como

podrías mejorarlo.

11. **Practicar hasta lograr el estado mental de trance hipnótico.** Sigue las recomendaciones de la sección, "Como Lograr el Estado de Trance Hipnótico" disponible al final de esta sección.

12. Una vez que hayas cumplido con los pasos anteriores, cuando lo creas conveniente, fija la fecha y hora exacta de inicio de tu programa y anótalo.

13. ¿Estas listo para cambiar tu vida para siempre?

Explora tu interior y consigue las causas

Con las respuestas a las preguntas del siguiente cuestionario, te guiará a explorar tu interior, y determinar si existe algún otro problema emocional. La causa-raíz que te está impidiendo conseguir tus objetivos. Esto debería ser tratado por el terapeuta previo la colocación de la banda gástrica virtual.

Debes identificar, sanar y cerrar tus heridas emocionales.

Determinar exactamente tu tipo de hábitos alimenticios, es muy importante ya que te colocará en el camino correcto de conseguir la causa-raíz de tu problema.

Cuestionario de pérdida de peso

Con las respuestas a las siguientes preguntas le permiten a tu terapeuta construir un programa efectivo para ayudarte a perder el peso que deseas, en este caso la colocación de la banda gástrica virtual. Aunque no se puede determinar las causas – raíz de cada lector individual, si contestas a las preguntas, seguramente las respuestas te darán una guía para que te orientes en determinar las causas de tu problema.

Este cuestionario está diseñado para que los clientes lo completen antes de comenzar la primera sesión.

¿Cuál es tu peso y tu estatura? ....

¿Cuál es el peso objetivo? ....

¿Cuándo en tu vida has estado en tu peso ideal? ....

¿Qué cambió en tu vida cuando comenzaste a subir de peso?
....

¿Qué emociones asocias con este período de tu vida? Por ejemplo, culpa, consuelo, castigo, satisfacción, etc...........................

En un día promedio, ¿qué comes y cuánto (mídelo el volumen de lo que comes con la equivalencia usando tu puño: 2 puños, 1 ½ puños, etc.)?

Para el desayuno ....
....

A media mañana ....

Almuerzo ....
....

Media tarde ....
....

Cena ....

Otro ....
....

¿Meriendas entre comidas? Si es así, ¿qué y qué comes?
....

¿Alguna vez te levantas durante la noche para comer algo?
....

Si comes en exceso, ¿cuál de los alimentos anteriores te gustaría reducir o eliminar por completo? ....

¿Aproximadamente cuántas bebidas tomas al día?
....

¿Tomas bebidas gaseosas o endulzadas? Si es así, ¿cuántas?
....

¿Bebes alcohol? Si es así, ¿cuántas unidades por día .... por semana? ....

¿Tú bebes agua? Si es así, ¿cuántos vasos aproximadamente por día?

¿Quién hace la compra de alimentos en tu hogar?
....

¿Quién prepara y cocina la comida? ....
....

¿Sueles dejar comida en tu plato? ....
....

¿Terminas regularmente la comida de otras personas?.................

¿Te gusta: (marque con una "X" donde corresponda)

¿Comidas dulces? ....

¿Alimentos salados? ....

¿Fruta fresca? ....

¿Vegetales frescos? ....

¿Alimentos ricos en almidón? ....

¿Alimentos grasos? ....

¿Qué sugerencias crees que serían más efectivas para ayudarte a alcanzar tu peso ideal? (Por favor, marca con una "X")

Dejar de comer en exceso ....

Deja de comer entre comidas ....

Dejar de beber alcohol ....

Dejar de tomar bebidas dulces ....

Dejar de comer comida chatarra ....

Hacer más ejercicio .....

Otro ....
....

¿Tienen o tenían sobrepeso alguno de tus padres, hermanos o hermanas? Si es así, por favor diga cuál...
....

¿Recuerdas alguna instancia de ser 'forzado' a comer cuando eras más joven?

SÍ NO

¿Alguna vez se utilizó la comida como recompensa por hacer algo bueno? SÍ NO

¿Alguna vez comiste para olvidarte de otra cosa? SÍ NO

¿A menudo sentías hambre cuando eras niño? SÍ NO

¿Alguna vez comes cuando no tienes hambre? SÍ NO

En caso afirmativo, dé un ejemplo ....¿Alguna vez has comido solo por complacer a alguien aun sin tener hambre? SÍ NO

En caso afirmativo, dé un ejemplo ....

¿Estás constantemente pensando en la próxima comida? SÍ NO

¿Tienes alguna relación problemática en su vida en este momento? SÍ / NO

En caso afirmativo, indique con quién ....

Si respondió que sí, ¿cómo ve que esta relación mejora?

....

¿Cuántas horas duermes (aproximadamente) por noche?

....

Ejercicio

¿Llevas una vida activa? SÍ NO

¿Su trabajo implica sentarse mucho? SÍ NO

¿Está involucrado en algún deporte o ejercicio regular? SÍ / NO

Si la respuesta a la pregunta anterior es no, ¿puedes identificar un deporte que te gustaría hacer? SÍ NO

En caso afirmativo, diga cuál sería ....

....

¿Cuándo sería un momento conveniente para que hagas esto?

....

Medicamento

¿Toma actualmente alguna droga o medicamento recetado? SÍ NO

En caso afirmativo, ¿conoces algún efecto secundario que pueda causar aumento de peso? SÍ / NO

En caso afirmativo, ¿está dispuesto a consultar con su médico de cabecera para encontrar una alternativa más adecuada? SÍ / NO

¿Ya determinaste la causa de sus malos hábitos alimenticios?

Como lograr el estado de trance hipnótico

El punto clave para que una hipnosis o autohipnosis sea exitosa es lograr el estado de trance hipnótico. Cuando tienes la guía de tu terapeuta, es más fácil. Los hipnoterapeutas utilizamos la inducción, y en algunos casos el profundizador para lograrlo.

Dependiendo de la persona, hacemos pruebas previas a la terapia, para saber que tan sugestionable es un cliente en particular.
Sin embargo, si intentas una autohipnosis, debes practicar este paso hasta lograr el estado de trance deseado, es decir, llevar las ondas eléctricas de tu cerebro a un nivel de 7.0 – 4.0 Hercios. Es decir, debes pasar desde el nivel beta a un nivel theta.

Cuando eres nuevo en el mundo de la autohipnosis, se recomienda que no empieces con las sesiones de la banda gástrica virtual, hasta que logres llegar con facilidad a este estado de trance hipnótico.
Todas las audioguías de autohipnosis en nuestra tienda virtual, se les ha añadido una sesión de inducción y profundizador. Puedes escuchar esta primera parte y practicarla las veces que desees, hasta lograr el estado de trance hipnótico (pasar de nivel beta a nivel theta).

Los pasos que debes seguir:

1. El lugar ideal para la terapia (tu santuario), libre de ruidos e interrupciones, tranquilo y cómodo. Puede ser el rincón favorito de tu casa o un lugar privado en tu lugar de trabajo. Importante que no tengas interrupciones.

2. Postura cómoda: te puedes sentar en una silla, sofá, sillón.
 Puedes usar cojines para apoyar tu espalda, tus glúteos o tus pies. No te acuestes. La clave es conseguir una postura cómoda.

3. Cerrar los ojos y respirar: inhalas por la nariz, llenas tu vientre de aire,

y exhalas por la boca. Concéntrate en ese aire que entra y que sale. Observa tu respiración. Centra toda tu atención en tu respiración. Con esto recuperas el dominio de tu atención y regulas la biología de tu cuerpo.

4. Colócate los audífonos y empieza a escuchar el MP3 que corresponde a la cita. Centra toda tu atención en el sonido de cada palabra que escuchas.

5. Al principio, quizás sientas que pierdes la atención fácilmente, y tal vez, si eres muy impaciente, crees que el programa no funciona, y que no puedes lograr el trance.

a. ¿Tu mente se distrae? ¡Claro que se distrae! Esto les pasa a todos. La mente genera pensamientos, es lo que mente hace. Al principio, es un poco molesto.

b. Es muy importante que desarrolles esta sensación de calma y sosiego.

c. Aprende a tolerar la frustración y ser paciente con tu proceso.

d. Aprende a dominar tu ATENCION, de manera que cuando aparezcan los pensamientos perturbadores, seas capaz de regresar a tu proceso de llegar al estado de trance rápidamente.

e. Este dominio de la atención, lo haces regresando a tu respiración, escuchando atentamente el audio, una y otra vez. Cuando te distraes, concéntrate en el audio y tu respiración. ¡Eso es todo!

f. Con cada pequeña batallada ganada, el regreso a tu concentración, la estas fortaleciendo, como si fuera un musculo que estuvieras entrenando. Con tu sosiego y calma.

g. Si te distraes 100 veces, pues 100 veces traes de vuelta tu ATENCION hacia el audio, el sonido de cada palabra, la música de fondo.

Así lograrás el estado de trance hipnótico y estarás listo para empezar tu programa de la colocación de la banda gástrica virtual con mucho éxito.

Primera Sesión de Autohipnosis

Que necesitaras para esta sesión:

· Un lugar cómodo libre de ruidos e interrupciones.
· Un sofá o silla donde puedas estirar tus piernas y sentirte cómodo
· Tu MP3: "Preparándote para la Pérdida de Peso".
· Software para reproducir tu MP3 como Windows Media Player, iTunes, QuickTime o Real Player.
· Audífonos.

¿Qué lograrás con esta sesión?:

Con esta sesión autohipnótica te ayuda a reeducar tu gusto y sistema digestivo para que acepte los alimentos saludables. Es como un borrón y cuenta nueva, como si hicieras una reconfiguración de tu sistema digestivo. Tus papilas gustativas se olvidarán de los alimentos azucarados y descubrirán nuevamente el sabor y textura de los alimentos como las verduras, las proteínas, las hierbas aromáticas.

Las afirmaciones y sugerencias hipnóticas que contienen la audioguía te ayudaran a recordar cómo es sentir hambre a un nivel tal que redescubrirás sabores y texturas olvidadas. A degustar cada bocado, comer lentamente, sentir el placer de comer con hambre.
Ahora, cuando estés listo escucha tu MP3 "Preparándote para la Pérdida de Peso". Puedes repetir esta sesión las veces que consideres necesarias.

Segunda Sesión de Autohipnosis

Que necesitaras para esta sesión:
· Un lugar cómodo libre de ruidos e interrupciones.
· Un sofá o cama donde puedas estirar tus piernas y sentirte cómodo
· Tu MP3: "Preparándote para la Cirugía"
· Software para reproducir tu MP3 como Windows Media Player, iTunes, QuickTime o Real Player.
· Audífonos.

¿Qué lograrás con esta sesión?:

Con esta sesión auto hipnótica te ayudaran a seguir reeducando tu gusto y sistema digestivo para lograr la reconfiguración de tu sistema digestivo. Tus papilas gustativas deberían estar descubriendo nuevos sabores o sabores olvidados.

Las afirmaciones y sugerencias de esta audioguía te ayudaran a reestablecer las señales a tu cerebro cuando estas satisfecho.
La principal razón por la cual las personas tiene exceso de peso radica en su alimentación en exceso debido a variadas razones, y el consumir productos refinados, procesados y con alto contenido de azucares refinadas.

Blanca, pura y mortal – la cocaína del mundo alimenticio sin duda alguna es la azúcar refinada, a la cual, lo más probable, seas adicto a ella.

La mente subconsciente es muy poderosa para crear nuevos hábitos y eliminar malos hábitos por medio de la hipnosis.
La idea es no darte una catedra acerca de nutrición. Ni debatir en profundidad porque unas personas que comen mucho son delgadas, y otras solo con el aroma se engordan. Te invito a seguirme en mis medios sociales, y adquirir mis otros libros, guías, videos, mp3 para profundizar en el tema, si te interesa.

Lo que me interesa que te quede claro para este programa de la banda gástrica, es que los cuerpos de las personas nacen diseñados para realizar ciertas funciones como la de procesar los azucares, eliminar las toxinas, etc. Y esos procesos no funcionan igual en todas las personas. Unas tenemos el gran problema, que no procesamos las azucares (en forma de carbohidratos) de igual forma que otras personas, y simplemente, la azúcar se transfiere a nuestro hígado y músculos para uso energético por un corto tiempo y el excedente se transfiere a las células de grasa, donde la glucosa se transforma en grasa y se acumula. Nuestro manejo energético del cuerpo es ineficiente.

Ahora, cuando estés listo escucha tu MP3 "Preparándote para la Cirugía".

Aprende A Escuchar A Tu Cuerpo: Tu Cuerpo Es Único

Todas las personas tienen demandas de energía únicas, por lo que deberás aumentar o disminuir el tamaño de las porciones que comes de acuerdo con tus niveles de energía y tu peso corporal. A medida que vas perdiendo peso, tus porciones deben reducirse proporcionalmente. Hasta que logres un equilibrio en tu peso, y determines la energía de los alimentos que debes consumir.

No tiene que ser difícil y complicado. Si sigues, esta guía, pronto comenzarás a notar si te sientes con energía o no, así que aprende a escuchar a tu cuerpo.

Sabrás que tu cuerpo ha llegado al estado de quema máxima de grasa cuando:

1. Tu cuerpo se las arregla para perder peso de forma natural.
2. No sientes antojos por carbohidratos simples y azucares. Este es un

marcador muy importante. Es decir que tienes un control de los niveles de azúcar en la sangre (especialmente si eres diabético o prediabético).

3. Sientes que tus niveles de energía se incrementan, te sientes eufórico y super energizado como una pila alcalina completamente recargada, irradiando felicidad y en estado de alerta mental.

4. Sabes reconocer cuando tienes dolores de hambre natural y solo comes en repuesta a esta señal.

Esta fase se llama la fase del cambio porque eso es exactamente lo que hace. Evita la acumulación de grasa no deseada al poner tu cuerpo en modo de quema de grasa en todo momento mediante una combinación de dieta, ejercicios, correcta respiración, control del estrés, una buena hidratación y tu mente bien entrenada mediante la autohipnosis (entrenamiento de la mente subconsciente).

Tercera Sesión de Autohipnosis

Que necesitaras para esta sesión:
· Un lugar cómodo libre de ruidos e interrupciones.
· Un sofá o cama donde puedas estirar tus piernas y sentirte cómodo
· Tu MP3: "Encogiendo el estómago"
· Software para reproducir tu MP3 como Windows Media Player, iTunes, QuickTime o Real Player.
· Audífonos
· Una pelota grande y una pelota pequeña.

¿Qué lograrás con esta sesión?

En esta cita, preparas tu mente hipnóticamente para la colocación de la banda gástrica, previo a la cirugía virtual. El éxito de esta cirugía virtual reside en gran medida de esta sesión. Tu mente subconsciente tiene que estar lo suficientemente preparada para creer firmemente que la cirugía virtual tendrá un éxito del 100%.

Tienes que recordar las razones porque la que quieres perder peso, que no hay cabida para la palabra fracaso, y que esto si funcionará.

Durante la sesión, es importante que tengas cerca las dos pelotas: la grande y la pequeña. Cuando llegue el momento en la audioguía donde menciona estos objectos, tienes que tomarlos uno en cada mano.

Luego de la sesión, y en los días siguientes, anota o graba con tu propia voz, como te vas sintiendo, que diferencias vas experimentando. La pelota pequeña la debes llevar contigo a todas partes. Cada vez que desees comer, o ingerir algo, toma la pelota y apriétala con todas tus fuerzas. La asociación en tu mente subconsciente entre la pelota y el tamaño que debe tener tu estomago saldrá automáticamente. No sentirás hambre. Te sentirás saciado. Este es el mejor indicativo que estas listo para la cirugía.

En caso contrario, repite esta sesión hasta que tu estomago se haya "encogido" lo suficiente.

Cuarta Sesión de Autohipnosis - La cirugía

Que necesitaras para esta sesión:
· Un lugar cómodo libre de ruidos e interrupciones.
· Si consigues una silla reclinable, mucho mejor.
· Algodón y alcohol.
· Una sábana de color verde (como la que usan en los hospitales)
· Una bata de hospital o similar
· Tu MP3: "Colocación de la banda gástrica"
· Software para reproducir tu MP3 como Windows Media Player, iTunes, QuickTime o Real Player.
· Audífonos.

¿Qué lograrás con esta sesión?

Y ha llegado el gran día, el día de tu cirugía de la colocación de la banda gástrica virtual. Escucha atentamente cada palabra que te decimos en el MP3. Te llevaremos desde el mismo momento que te despiertas, y te preparas para tu cirugía, todo el proceso de la cirugía, y finalmente cuando despiertas en la cama del hospital, tomando tu primera comida luego de la operación…toda una experiencia inolvidable, estaré contigo acompañándote en todo momento.

Prepara el escenario:
· Empapa varias motas de algodón con el alcohol y colócalas cerca de donde te vas a sentar.
· Coloca la sabana verde sobre el sofá o silla reclinable.
· Colócate la bata de hospital (o algo similar)
· Reduce la luz de la habitación, y solo deja la luz de una lampara, que quedes en penumbra.

Es deseable no comer solidos el día de la cirugía.
Ahora, cuando estés listo escucha tu MP3 "Colocación de la banda gástrica". Al día siguiente puedes empezar con tu plan de alimentación basado en las 800 calorías.

A estas alturas deberías haber elegido entre las comidas sustitutas y alimentos reales, ambos disponibles en la guía.

Las dos primeras semanas después de la colocación de la banda gástrica virtual.

Las dos primeras semanas después de la colocación de la banda gástrica virtual. Una vez que hayas comenzado con la dieta sugerida de 800 calorías diarias que complementa esta terapia, encontrarás que comienzas a perder peso rápidamente. Parte de este peso será grasa, pero al principio, también pasarás mucha orina, iras al baño con más frecuencia. Es fundamental que bebas al menos 2-3 litros de líquido sin calorías al día, como la limonada cetónica y el caldo de huesos (ver ambos en la sección de recetas) o te estreñirás y te darán dolores de cabeza.

Es probable que las dos primeras semanas sean las más difíciles, ya que tu cuerpo se adapta a menos calorías, pero esto, a su vez, debería conducir a algunos cambios dramáticos.

La razón de tener una revisión con tu medico después de dos semanas es que te da el tiempo suficiente para comenzar a conocer las respuestas de tu cuerpo frente a los cambios.

Preguntas que debes hacerte al final de la segunda semana después de la colocación de la banda gástrica

Aquí hay algunas preguntas que debes hacerte al final de la segunda semana después de la colocación de la banda gástrica:

1. ¿Estás perdiendo peso a un ritmo constante? al final de la semana 2,

la baja de peso puede haber disminuido, pero aún debería ser rápido.

2. ¿Tu apetito está mejor controlado? la mayoría de las personas informan que sienten menos hambre al final de la semana 2.

3. ¿Están bajando tus niveles de azúcar en sangre o todavía están erráticos?

4. ¿Duermes? si no, es posible que desees comer tu comida principal un poco más tarde.

5. ¿estás estreñido? Asegúrate de comer verduras SIN almidón

6. ¿Cómo lo estás afrontando emocionalmente? Puede que te sientas más irritable, pero a mí me preocuparía una caída prolongada del estado de ánimo.

7. ¿Te las arreglas para seguir la dieta la mayor parte del tiempo?

Si la respuesta a más de dos de estas preguntas es negativa, es posible que esta no sea la terapia adecuada para ti. En lugar de rendirte. Te recomiendo que pruebes el enfoque 5: 2, reduce tus calorías a 800 calorías durante dos días y mantengas un plan de alimentación estilo mediterráneo bajo en carbohidratos durante el resto de la semana y porciones controladas.

La revisión después de las cuatro semanas

No todos necesitan seguir las 800 calorías diarias, las ocho semanas completas. Si eres prediabético o delgado, para empezar, entonces dos semanas pueden ser suficientes para alcanzar tu objetivo de controlar el azúcar en sangre, en cuyo caso, puedes pasar al siguiente paso de la fase de mantenimiento, empezar la vida posterior a la banda gástrica. Sin embargo, la mayoría de los diabéticos con sobrepeso probablemente necesiten seguir adelante.

Con suerte, no solo habrás seguido el régimen de pérdida de peso, sino que también habrás aumentado tu actividad y tu atención plena. Lo importante es cómo te sientes, ¿Cómo las estas pasando?

Con suerte, ahora te sientes en control, más delgado y con energía.
El siguiente momento clave para la revisión, es hacia la mitad, a las 4 semanas. Para este momento, esperando que todo este saliendo muy bien. Deberías haber perdido una cantidad considerable de peso, especialmente alrededor de tu cintura. Tus niveles de azúcar en sangre deberían empezar a estabilizarse cerca de los niveles normales. Tus antojos por alimentos dulces deberían estar completamente controlados.

Si has alcanzado tus objetivos de estabilizar el azúcar en sangre y lograr un peso adecuado hacia el final de la semana 4, puedes empezar tu fase de mantenimiento.

¿Qué deberías esperar hacia el final de la semana 4?

En el estudio original del Prof. Taylor, los voluntarios comenzaron con un peso sobre los 90 kg, y perdieron en promedio 10kg al final de la semana 4. Perdieron en promedio 20cm de cintura. Los pacientes que tenían diabetes por menos de 5 años, les resulto muy bien. Todos reportaron que dormían mejor, se sentían mejor y más agiles. Colesterol, presión arterial también mejoraron.
Hacia el final de la semana 4, la glucosa en ayuno, la insulina en ayuno y el análisis de la función hepática Gamma-glutamil-transferasa (GGT*) deberían haber disminuido con tendencia a valores normales.
La GGT* es una enzima de la sangre. Si los niveles son más altos de lo normal, es posible que el hígado o las vías biliares estén dañados. Puedes probar con un ajuste de la banda, que se detallada más adelante.

La revisión al final de la semana 8 y la celebración

Hacia el final de la semana 8 después de colocada la banda gástrica virtual y haber seguido las 800 calorías al día. Vas a ver y sentir grandes cambios en la forma de tu cuerpo y su bioquímica.

Deberías lograr dormir mejor, sentirte muy orgulloso de lo logrado.

Seguramente, necesitaras comprar ropa nueva.

No cesaras de mirarte en el espejo, sin poder creer lo que has logrado. Seguramente te recordaras del espejo de tu sesión de hipnosis No. 1. Se recomienda contratar a un fotógrafo profesional y que te tomé varias fotos.

Seguro que el cambio físico es impresionante. Las fotos puedes colgarlas en tus medios sociales. No parar de gritarle al mundo lo feliz que te sientes.

Para algunas personas, inclusive al final de la semana 8, necesitan perder más peso. En este caso, se sugiere cambiar al método 5:2.

El final de la semana 8, es siempre recomendable visitar al médico, hacer las pruebas, comparar los resultados y celebrar con amigos y familia los logros obtenidos.

Sesión de Autohipnosis - Seguimiento
El Ajuste de la Banda

• La banda que se coloca en la operación, no contiene ningún fluido. Por lo general, se ajusta aproximadamente a las 5-6 semanas.

• Antes de esta cita, es posible que puedas tomar porciones más grandes de lo que imaginabas. No entre en pánico, las restricciones vendrán después del primer ajuste de la banda.

• Descubrirá que cuando se haya ajustado la banda, te sentirás satisfecho después de pequeñas cantidades de alimentos.

• Sugerimos que tomes líquidos solo durante el día del ajuste de la banda y que puede ser útil volver a la dieta suave y húmeda nuevamente durante un día después hasta que estés acostumbrado a la restricción.

• Para comenzar, puedes requerir un ajuste cada 4 semanas hasta llegar al estado ideal.

• Es muy normal que se realice al menos 2-6 ajustes de banda antes de ver una pérdida de peso exitosa.

Que necesitaras para esta sesión:

· Un lugar cómodo libre de ruidos e interrupciones.

· Una silla reclinable donde puedas estirar tus piernas y sentirte cómodo

· Algodón y alcohol o gel

· Una sábana de color verde (como la que usan en los hospitales)

· Una bata de hospital o similar

· Tu MP3: "Ajuste de la banda gástrica"

· Software para reproducir tu MP3 como Windows Media Player, iTunes, QuickTime o Real Player.

· Audífonos.

· Una cámara fotográfica.

¿Qué lograrás con esta sesión?

Como ya sabes, te has colocado la banda gástrica virtual y, por eso, tu cuerpo ahora necesita mucha menos comida para sentirte lleno. Tu cuerpo se está volviendo más saludable cada día, pero cada paciente es diferente. Algunas personas necesitan que sus bandas sean un poco más flojas (si están bajando de peso muy rápido) y otras un poco más ajustadas para que su pérdida de peso sea adecuada a las necesidades de cada individuo.

Por eso estamos aquí hoy. Para hacer algunos ajustes finales a la banda y para garantizar que funcione tan bien como sea posible en beneficio de tu salud.

MODULO 6
Plan de Alimentación

Objetivos de Aprendisaje:
Al finalizar éste modulo estarás preparado para iniciar tu plan de alimentación antes y después de la colocación de la banda gástrica. Se te ofrecen dos caminos: con o sin sustitutos de alimentos.

Tu banda gástrica virtual solo funcionará correctamente y te ayudará a perder peso con éxito si sigues las reglas de una alimentación saludable. Con la ayuda de las sesiones hipnóticas previas a la colocación de la banda gástrica virtual, tu mente subconsciente se reprograma con afirmaciones positivas y sugerencias hacia la alimentación saludable y crea los nuevos hábitos o recupera los buenos hábitos olvidados. Tu estomago se habrá encogido y te debes sentir satisfecho con menos cantidad de comida. La recuperación de la sensación de placer y saciedad hacia nuevos sabores y alimentos es un hecho.

Reprogramación mental de tu subconsciente

Con la ayuda de la reprogramación mental de tu subconsciente, se te hará mucho más fácil empezar con la transición hacia los cambios de hábitos alimenticios y de vida permanentes que transformaran tu percepción de la alimentación. Esta forma es mucho más efectiva a que si lo hicieras siguiendo una simple dieta, usando solo la fuerza de voluntad que está alojado en tu mente consciente y sin ningún tipo de reprogramación a nivel de tu cerebro.

Tus pensamientos tienen un gran peso neurológico para tu cerebro. La repetición de sugerencias y afirmaciones dados en las sesiones hipnóticas hace que nazcan nuevas redes neuronales en tu cerebro y te ayude a cambiar los malos por buenos hábitos. Mientras más escuches tus sesiones auto hipnóticas, más chance tienes de integrarlos y tener un control sobre ellos y tendrás un comportamiento menos errático a la hora de comer, logras llevar una vida más sana. Y por supuesto te sientes mejor y mejor con cada día que pase. Notas que te gustan alimentos que antes no te gustaban y te disgusta alimentos que antes si te gustaban. Tu sentido del gusto cambia, tu paladar también se torna más sensible.

A la hora de colocarte la banda gástrica virtual, esta funcionará con mucho éxito, ya que estarás completamente convencido, que tu estomago se ha reducido, y que la ingesta calórica se reduce a un volumen no mayor de una pelota de tenis.

Acerca del Plan de Alimentación a seguir junto con las sesiones auto hipnóticas

Este programa está diseñado para introducir estos cambios alimenticios en tu vida diaria de forma gradual en conjunto con el inicio de tu Sesión de Autohipnosis No. 1: "Preparándote para la pérdida de Peso" y continuando hasta que llegues a la Sesión de Autohipnosis No. 4 "Colocación de la banda gástrica". Luego de la colocación de la banda gástrica virtual. Nos centraremos en un plan de alimentación de 800 calorías con una relación de hidratos de carbono no mayor al 10% por un lapso de 8 semanas de la siguiente forma: Semana 1 y 2 con dieta líquida, Semana 3 y 4 con dieta suave e hidratada, Semana 5 al 8 con dieta alta en proteína/grasas y bajo en carbohidratos de porciones reducidas.

Ajuste de la banda gástrica virtual

El ajuste de la banda gástrica virtual con la sesión auto hipnótica No. 5. En este paso decides si continuar con el plan de alimentación de 800 calorías un par de semanas más o ajustarlo hasta 1200 calorías con una relación de hidratos de carbono no mayor al 15%.

Implementa los ajustes de acuerdo con las demandas de tu cuerpo, añadiendo a tu plan dos meriendas extras, ya que, en esta etapa del programa, dichas demandas de tu cuerpo las deberías conocer muy bien.

• Por lo general, la banda se ajusta aproximadamente entre la semana 5 y 6.
• Antes de esta sesión, es posible que puedas estar tomando porciones más grandes de lo que imaginabas. No entres en pánico, las restricciones vendrán después del primer ajuste de la banda.
• Descubrirás que cuando se haya ajustado la banda, te sentirás satisfecho después de pequeñas cantidades de alimentos.
• Sugerimos que tomes líquidos solo durante el día del ajuste de la banda y que puede ser útil volver a la dieta suave y húmeda nuevamente hasta que estés acostumbrado a la restricción.
• Para comenzar, puedes requerir un ajuste cada 4 semanas hasta llegar al estado ideal.
• Es muy normal que se realices al menos 2-6 ajustes de banda antes de ver una pérdida de peso exitosa.

Inicio de tu Sesión de Autohipnosis No. 1:

Con el inicio de tu Sesión de Autohipnosis No. 1: "Preparándote para la pérdida de Peso". Solo consume alimentos de la siguiente lista. Básicamente estarás consumiendo una porción de pescado, pollo o carne con abundantes vegetales frescos. De bebidas puedes tomar limonada cetónica, caldo de huesos y té de hierbas, elimina las bebidas gaseosas.

Este plan está diseñado para que te desintoxiques de la azúcar refinada y carbohidratos simples y logres estabilizar tus niveles de azúcar en la sangre, de tal manera que puedas ganar un control absoluto en el azúcar que circula en tu torrente sanguíneo. No te preocupes por las calorías o bajar de peso, el objetivo es controlar el azúcar en sangre y empezar a conocer las respuestas de tu cuerpo y tu paladar a diferentes estímulos.

Vegetales y Frutas: Espárragos, Berenjena, Repollo, Brotes de Frijol, Repollo de Bruselas, Coliflor, Pepino, Vainitas o judías verdes, Puerro, Lechuga, Champiñones, Cebolla, Pimentón y ají, Tofu, Tomates y Pasta de tomate, Auyama, Espárragos, Limones, Apio España, Calabacín, Rábanos, Espinaca, Limas, Pack Choi, repollo chino.

Otros ingredientes que puedes usar: Vinagre de manzana, Té Verde o Café, Caldo de Carne o Pollo, Pimienta negra, Queso duro, Aceite de Oliva, Mantequilla, Té de hierbas, Aceitunas, Caldo de pescado, Jugo de limón, Crema Agria, Aceite de sésamo, Mayonesa (1 c/día), Aceite de coco, Cacao sin azúcar, Turmérico, Canela, jengibre.

Proteínas – una porción del tamaño de la palma de tu mano
Huevos (1 por día), Pollo, Carne de Res, Carne de Puerco y Tocino, Pescado (cualquier tipo) inclusive enlatado (solo en agua), Leche (de vaca o almendras), Crema de Leche de 35% contenido graso.

Dos caminos para seguir

Te has decidido por la colocación de la Banda Gástrica Virtual. Has hablado con tu médico, has limpiado las alacenas de tu cocina, has dejado de ver las recetas de videos de hacer dulces en YouTube y te has realizado algunas pruebas médicas como medir el azúcar en sangre, presión, etc. Has conseguido dar el primer paso hacia una mejor salud.

En los estudios del profesor Taylor, en gran parte por razones de conveniencia, se pidió a los sujetos que perdieran peso ingiriendo sustitutos de comidas comerciales durante las ocho semanas completas, complementados con algunas verduras sin almidón en forma de sopa o ensalada. Si estás realizando un estudio científico, usar batidos dietéticos no solo es conveniente, sino también una forma más fácil de controlar cuántas calorías consume los sujetos de la prueba. Pero otros lo han hecho con mucho éxito con comida real (sin productos comerciales).

Hay una decisión final que tomar: ¿deseas hacer la dieta que acompaña esta terapia completamente con alimentos reales o deseas hacerlo en parte con una dieta comercial con sustitutos de comidas? Es una decisión personal. Tienes que decidir cuál te conviene más.

Este programa te presenta las dos opciones:

· Plan de Comidas Sugerido – Sin sustitutos.
· Plan de Comidas Sugerido – Con sustitutos (productos comerciales).

Plan de Comidas Sugerido – Sin sustitutos

Pronto descubrirás, que la terapia y programa de la colocación de la Banda Gástrica Virtual no es tan difícil. Sí, vas a vivir con 800 calorías al día durante las próximas semanas. A medida que vas avanzando con las sesiones de hipnoterapia, con la ayuda de la reprogramación de tu mente subconsciente, tú cuerpo se va adaptando razonablemente rápido.

Se puede lograr una dieta de 800kcal con alimentos cotidianos (cuando se incluyen carnes y pescados bajos en grasa), pero requiere mucha planificación y precisión, especialmente al pesar las porciones. Algunas personas pueden preferir el elemento de normalidad y la posibilidad de más variedad, pero muchas encuentran la tentación en torno a la comida demasiado difícil de resistir y demasiado difícil de lograr el equilibrio nutricional correcto, por lo que optan por reemplazar las comidas.

Hacer el plan de alimentación de la banda gástrica virtual con comida real es un poco más difícil porque tienes que asegurarte de que estás obteniendo la cantidad correcta de proteínas, grasas, vitaminas, etc. Es por ello por lo que ofrecemos una variedad de recetas simples y nutritivas, así como un plan dietético detallado y equilibrado, elaborado por nuestra nutricionista.

El principio detrás de las recetas es una alimentación baja en carbohidratos al estilo mediterráneo. Están llenos de nutrientes y cantidades decentes de grasas y proteínas; son sabrosos y variados, por lo que hay menos posibilidades de que tus papilas gustativas se aburran con la monotonía y empiecen a desear alimentos dañinos para tu salud.

Si deseas seguir este camino para complementar tus terapias de la banda gástrica virtual y hacer lo tuyo creando tus propias recetas de estilo mediterráneo y bajas en carbohidratos, asegúrate de obtener una dieta variada con las cantidades adecuadas de los nutrientes adecuados sin exceder las 800 calorías diarias.

Es posible que desees tomar una píldora multivitamínica diaria para estar seguro. Creo que una de las otras ventajas principales de hacer esta terapia con comida real es que volverás a entrenar sus papilas gustativas.

Puede que seas alguien a quien no le gusten mucho las verduras, pero cuando sigas una dieta baja en calorías, ¡sabrán deliciosas! Recuerda, estás restableciendo tu cuerpo no solo durante los próximos meses, sino con suerte para siempre.

También creemos que es importante, mientras te encuentras en el período de cambio de hábitos alimentarios, aprender a cocinar comidas adecuadas, saludables y deliciosas. Esto lo preparará para la vida después de la banda gástrica virtual.

Guía basada en las recomendaciones del NHS de Inglaterra
Hemos elaborado la siguiente guía basada en las recomendaciones que el NHS de Inglaterra le sugiere a los pacientes que son sometidos a una intervención quirúrgica para la colocación de la banda gástrica (real).

El NHS significa "National Health Service" por sus siglas en inglés, se traduce a "Servicio Nacional de Salud". Se refiere a los servicios médicos y de atención de la salud financiados por el gobierno que todas las personas que viven en el Reino Unido pueden utilizar.

Tal como el NHS de Inglaterra sugiere, los cambios alimenticios deben empezarse desde antes de someterse a la cirugía, para que tu cuerpo y paladar se ajusten a la transición y aumentes las posibilidades de éxito en la baja de peso y posiblemente la cura de la diabetes tipo 2.

Para facilitar la implementación del programa, te indicamos recetas fáciles y rápidas de preparar con la lista de alimentos permitidos agrupados en Sopas Milagrosas, Super Bebidas para la Semana 1 a la 4. Para las semanas 5 en adelante, añadimos recetas de Platos Fríos, Platos Calientes, Receta con carne/pollo/pescado/huevos

Consejos

• Comienza con un par de sorbos de líquido y aumenta lentamente la cantidad hasta que se produzca una sensación de saciedad.
• Es importante dejar de beber tan pronto como te sientas lleno.
• Si sientes dolor de estómago o náuseas mientras bebes, detente hasta que pase la sensación.
• Si la cantidad de líquido tomada es demasiado grande, el estómago se llenará en exceso y se producirán vómitos.
• NO tomes bebidas gaseosas en ningún momento después de la colocación de la banda gástrica ya que los gases causan hinchazón y aumentarán el tamaño de tu estómago, produciendo molestias y dolor.

Aunque las sopas pueden proporcionar la mayor parte de la nutrición requerida, no proporciona todas las vitaminas y minerales que tu cuerpo necesita. Por lo tanto, es esencial que tomes un suplemento multivitamínico y mineral diario, que incluya hierro, mientras no estés comiendo una dieta normal.

Idealmente, los suplementos vitamínicos deben estar en forma líquida o masticable o una tableta sólida que puede triturarse o romperse en trozos pequeños antes de tomarla.

Multivitamínico recomendado
• Centrum (necesita ser triturado) o versiones masticables
• Multivitaminas masticables para adultos de Bassett con prebióticos y minerales
• Sanatogen A-Z masticable

Advertencia: Si te has decidido ir por el plan de alimentación basado en bebidas de reemplazo de comida de alguna marca comercial de buena reputación y que siga con las legislaciones de tu país, por lo general, estas bebidas vienen con el contenido vitamínico y no necesitarías más complemento.

¿Cuánto peso perderé?
En la fase inicial, después de colocar la banda, cuando la ingesta se reduce drásticamente, encontrarás que pierdes peso más rápidamente, por ejemplo, 6-12 kg durante los primeros tres meses.
Sin embargo, a medida que aumenta la cantidad que puede comer, la tasa de pérdida de peso disminuirá a aproximadamente 2 lb (1 kg) por semana.

Sin embargo, esto varía de acuerdo con las respuestas fisiológicas de cada individuo. Es por ello, que el ajuste de la banda (sesión de autohipnosis No. 5) se implementa.

Consejos sobre el estreñimiento

Es natural esperar algún cambio en la frecuencia de tus hábitos intestinales; esto se debe a que la cantidad de alimentos que estás comiendo ahora es considerablemente menor que antes de la operación.

Inicialmente, es posible que tus intestinos trabajen con menos frecuencia, es decir, cada dos o tres días, debido al cambio en tu dieta. Sin embargo, al incluir más fibra en tu dieta, tus evacuaciones deberían volverse más regulares.

También es importante beber muchos líquidos entre comidas. De ocho a diez tazas al día.

Si el estreñimiento persiste, intenta tomar algún laxante suave, disponible en tu farmacia local. Si esto no ayuda, hable con su médico de cabecera o con el farmaceuta.

Presta atención a las señales de plenitud de tu cuerpo

• Tan pronto como te sientas lleno o sientas presión en el centro de tu abdomen, deja de comer o beber.
• Si sientes náuseas, deja de comer. Un bocado extra de comida después de estas señales tempranas puede provocar dolor, molestias y vómitos.
Si tienes problemas, trata de pensar e identificar la causa:
  a) ¿Has comido demasiado rápido o no has masticado la comida lo suficientemente?
  b) ¿Has comido demasiado, has tomado líquidos con la comida o has tomado líquidos demasiado pronto antes o después de la comida?
  c) ¿Has comido alimentos que son difíciles de digerir?
• Identificar la causa de tu malestar te ayudará a realizar los cambios necesarios la próxima vez que comas.
• Mantener un diario de alimentos te puede ayudar.
• Si experimentas vómitos regulares, busca el consejo de tu médico de cabecera.

Comer después de la banda gástrica

El éxito a largo plazo de tu operación de banda gástrica depende de que sigas las recomendaciones dietéticas descritas en esta guía, que está basada en las recomendaciones del NHS de Inglaterra.

•Tu dieta debe ser baja en calorías y controlada en porciones

• Aunque tu estómago más pequeño limitará la cantidad de comida que se puede comer, el aumento de peso aún puede ocurrir si se comen comidas altas en calorías con frecuencia.

• Limita la cantidad de azúcar y carbohidratos simples consumidas.

• Es mejor evitar el alcohol, ya que es rico en calorías y estimula el apetito.

• Durante las cuatro semanas posteriores a la operación, no se deben tomar alimentos sólidos.

• En su lugar, debes tener una dieta líquida durante dos semanas seguida de una dieta suave y húmeda durante otras dos semanas. Luego puedes comenzar a agregar alimentos sólidos.

¿Por qué?

• Los alimentos sólidos pueden crear presión sobre los puntos de sutura y estirar la nueva bolsa del estómago. Esto puede provocar vómitos y molestias.

Por lo tanto, es extremadamente importante que sigas estas pautas.

• PASO 1: Dieta líquida durante dos semanas.

• PASO 2: Dieta suave y húmeda durante dos semanas.

• PASO 3: Comience a introducir alimentos sólidos en porciones pequeñas y sigue una dieta saludable rica en proteínas y baja en calorías.

Paso 1
Semanas 1 y 2: una dieta líquida

Para garantizar una ingesta adecuada de proteínas, calcio y otros nutrientes, la dieta líquida debe basarse en un balance adecuado de macros y micronutrientes.

Al menos 5 tazas o 1.2 litros de líquido al día.

Fluidos permitidos:

• Agua mineral sin gas

• Jugos bajos en azúcar o endulzado con edulcorantes

• Sopas claras y nutritivas como el consomé de huesos, ver receta.

• Sopas suaves, por ejemplo, crema de tomate o pollo; o rabo de buey, ver recetas

• Té y café sin azúcar.

• Bebidas proteicas.

Tome las cosas con calma durante los primeros días hasta que establezca la cantidad de líquido que puedes tolerar.

Ver el Plan de comidas sugerido – sin sustitutos y recetas al final del libro guía.

Tome las sopas primero para asegurarte de que estás recibiendo suficientes nutrientes, y luego toma otros líquidos después de eso según sea necesario.

Paso 2
Semanas 3 y 4: una dieta suave e hidratada

Después de 2 semanas, comienza a introducir gradualmente alimentos con una textura suave y húmeda, como las papillas de verduras con proteínas. Los alimentos deben partirse en pedazos o triturarse con un tenedor. Algunas personas prefieren mezclar o hacer puré sus alimentos. Esto realmente depende de tu gusto, pero no es esencial. Para empezar, puedes comer unos bocados en cada comida, pero esto lo irás aumentando. Para comenzar, prueba cosas como puré de papas con salsa. Recuerda servirte porciones pequeñas usando un plato para postre, es decir, de tamaño pequeño.

Ver Plan de comidas sugerido – sin sustitutos

Paso 3
Semana 5 en adelante: una dieta rica en proteínas y baja en calorías

Cuando llegues a esta etapa, tu cuerpo se ha adaptado a la nueva alimentación, tu estomago ahora esta reducido, al igual que tu apetito. De ahora en adelante, podrás experimentar gradualmente con diferentes alimentos sólidos y texturas de una forma más segura. Aunque es posible que no sea necesario mezclar la comida, aún deberá ser suave o blanda y masticarse bien.

Deberás masticar cada bocado al menos 20 veces; hasta que la comida se sienta como un puré en tu boca antes de tragarla.
Es realmente importante comer 3 comidas al día, con pequeños bocadillos adecuados en el medio. Tómate tu tiempo durante tu comida; es probable que demores unos 30 minutos.

El tamaño de tus porciones ahora está restringido, por lo que tu ingesta de proteínas puede disminuir. Es muy importante asegurarte de tener suficientes proteínas en tu dieta todos los días. Si no comes lo suficiente, tu cuerpo comenzará a descomponer tus músculos en busca de proteínas, dejándolo muy débil.

Los alimentos con proteínas también son muy buenos para sentirte lleno por más tiempo. A continuación, se enumeran buenas fuentes de proteínas.

Ejemplos de buenas fuentes de proteínas.
Ingiere de 2 a 3 porciones al día de una variedad de alimentos.
Lácteos: Leche completa, añada leche en polvo a las salsas bajas en calorías.
Yogurt o bebidas a base de yogurt. Pudin a base de leche, quesos bajos en grasas, ricota.
Huevos: Revueltos, tortilla, sancochados.

Granos: Lentejas, granos añadidos a los guisados y cacerolas (no mas de 1/2 taza por día)

Carnes y Pollo: Carne molida en salsa, carne guisada

Pescado: Atún enlatado, sardinas, pescados blancos

Batidos de Proteínas: Comerciales/ polvo de proteínas añadidos en forma de batidos y sopas.

Carnes Frías: Parma Ham, Jamón Serrano, Lonja de Tocino

Alimentos que pueden ser difíciles de volver a introducir en tu dieta

Es probable que haya algunos alimentos que ahora tengas problemas para volver a introducir en tu dieta. La capacidad de tolerar varios alimentos depende de qué tan bien mastiques y cómo cocinas y preparas los alimentos.

Prueba la comida comiendo una cantidad muy pequeña, si no puedes tolerarla, espera un mes y luego vuelva a intentarlo.

Alimentos: Ciertas carnes como bistec, pollo asado, frito o rostizado, parrillas.

Alternativas: Pequeñas piezas de carne / carne molida / de cocinado lento / guisada o cacerola.

Alimentos: Vegetales fibrosos como el maíz, apio, calabacín, berenjena.

Alternativas: Remover la cascara o piel de los vegetales, cocinarlos al vapor para que se ablanden.

Alimentos: Frutas por ejemplo la naranja y la toronja.

Alternativas: Remover la cascara a la fruta, hacerla en forma de pure o guisada. Comer fruta enlatada como las peras y los melocotones en forma de pure y pequeñas porciones.

Ver el plan de comidas sugerido – sin sustitutos para las semanas 5 al 8.

Semana 1 y 2	Desayuno	Media Mañana	Almuerzo	Media Tarde	Cena	Merienda Tardía
Lunes	1 taza de Super Bebida (ver recetas)	1/2 taza Limonada cetónica o caldo de huesos	1-1/2 taza de sopa milagrosa Semana 1 y 2 (ver recetas)	1/2 taza Limonada cetónica o caldo de huesos	1-1/2 taza de sopa milagrosa Semana 1 y 2 (ver recetas)	1/2 taza Limonada cetónica o caldo de huesos
Martes	1 taza de Super Bebida (ver recetas)	1/2 taza Limonada cetónica o caldo de huesos	1-1/2 taza de sopa milagrosa Semana 1 y 2 (ver recetas)	1/2 taza Limonada cetónica o caldo de huesos	1-1/2 taza de sopa milagrosa Semana 1 y 2 (ver recetas)	1/2 taza Limonada cetónica o caldo de huesos
Miércoles	1 taza de Super Bebida (ver recetas)	1/2 taza Limonada cetónica o caldo de huesos	1-1/2 taza de sopa milagrosa Semana 1 y 2 (ver recetas)	1/2 taza Limonada cetónica o caldo de huesos	1-1/2 taza de sopa milagrosa Semana 1 y 2 (ver recetas)	1/2 taza Limonada cetónica o caldo de huesos
Jueves	1 taza de Super Bebida (ver recetas)	1/2 taza Limonada cetónica o caldo de huesos	1-1/2 taza de sopa milagrosa Semana 1 y 2 (ver recetas)	1/2 taza Limonada cetónica o caldo de huesos	1-1/2 taza de sopa milagrosa Semana 1 y 2 (ver recetas)	1/2 taza Limonada cetónica o caldo de huesos
Viernes	1 taza de Super Bebida (ver recetas)	1/2 taza Limonada cetónica o caldo de huesos	1-1/2 taza de sopa milagrosa Semana 1 y 2 (ver recetas)	1/2 taza Limonada cetónica o caldo de huesos	1-1/2 taza de sopa milagrosa Semana 1 y 2 (ver recetas)	1/2 taza Limonada cetónica o caldo de huesos
Sábado	1 taza de Super Bebida (ver recetas)	1/2 taza Limonada cetónica o caldo de huesos	1-1/2 taza de sopa milagrosa Semana 1 y 2 (ver recetas)	1/2 taza Limonada cetónica o caldo de huesos	1-1/2 taza de sopa milagrosa Semana 1 y 2 (ver recetas)	1/2 taza Limonada cetónica o caldo de huesos
Domingo	1 taza de Super Bebida (ver recetas)	1/2 taza Limonada cetónica o caldo de huesos	1-1/2 taza de sopa milagrosa Semana 1 y 2 (ver recetas)	1/2 taza Limonada cetónica o caldo de huesos	1-1/2 taza de sopa milagrosa Semana 1 y 2 (ver recetas)	1/2 taza Limonada cetónica o caldo de huesos

Semana 3 y 4	Desayuno	Media Mañana	Almuerzo	Media Tarde	Cena	Merienda Tardía
Lunes	1 taza de Super Bebida (ver recetas)	1/2 taza Limonada cetónica o caldo de huesos	1-1/2 papilla de verdura con carne, pollo o pescado (ver recetas)	1/2 taza Limonada cetónica o caldo de huesos	1-1/2 taza de sopa milagrosa Semana 3 y 4 (ver recetas)	1/2 taza Limonada cetónica o caldo de huesos
Martes	1 taza de Super Bebida (ver recetas)	1/2 taza Limonada cetónica o caldo de huesos	1-1/2 papilla de verdura con carne, pollo o pescado (ver recetas)	1/2 taza Limonada cetónica o caldo de huesos	1-1/2 taza de sopa milagrosa Semana 3 y 4 (ver recetas)	1/2 taza Limonada cetónica o caldo de huesos
Miércoles	1 taza de Super Bebida (ver recetas)	1/2 taza Limonada cetónica o caldo de huesos	1-1/2 taza de sopa milagrosa con trozos (ver recetas)	1/2 taza Limonada cetónica o caldo de huesos	1-1/2 taza de sopa milagrosa Semana 3 y 4 (ver recetas)	1/2 taza Limonada cetónica o caldo de huesos
Jueves	1 taza de Super Bebida (ver recetas)	1/2 taza Limonada cetónica o caldo de huesos	1-1/2 taza de sopa milagrosa con trozos (ver recetas)	1/2 taza Limonada cetónica o caldo de huesos	1-1/2 taza de sopa milagrosa Semana 3 y 4 (ver recetas)	1/2 taza Limonada cetónica o caldo de huesos
Viernes	1 taza de Super Bebida (ver recetas)	1/2 taza Limonada cetónica o caldo de huesos	1-1/2 papilla de verdura con carne, pollo o pescado (ver recetas)	1/2 taza Limonada cetónica o caldo de huesos	1-1/2 taza de sopa milagrosa Semana 3 y 4 (ver recetas)	1/2 taza Limonada cetónica o caldo de huesos
Sábado	1 taza de Super Bebida (ver recetas)	1/2 taza Limonada cetónica o caldo de huesos	1-1/2 papilla de verdura con carne, pollo o pescado (ver recetas)	1/2 taza Limonada cetónica o caldo de huesos	1-1/2 taza de sopa milagrosa Semana 3 y 4 (ver recetas)	1/2 taza Limonada cetónica o caldo de huesos
Domingo	1 taza de Super Bebida (ver recetas)	1/2 taza Limonada cetónica o caldo de huesos	1-1/2 papilla de verdura con carne, pollo o pescado (ver recetas)	1/2 taza Limonada cetónica o caldo de huesos	1-1/2 taza de sopa milagrosa Semana 3 y 4 (ver recetas)	1/2 taza Limonada cetónica o caldo de huesos

Semana 5 al 8	Desayuno	Media Mañana	Almuerzo	Media Tarde	Cena	Merienda Tardía
Lunes	1 taza de Super Bebida (ver recetas)	1/2 taza Limonada cetónica o caldo de huesos	Plato Frio o Caliente (ver recetas)	1/2 taza Limonada cetónica o caldo de huesos	Pollo/Carne/Pescado 5 formas (ver recetas)	1/2 taza Limonada cetónica o caldo de huesos
Martes	1 taza de Super Bebida (ver recetas)	1/2 taza Limonada cetónica o caldo de huesos	Plato Frio o Caliente (ver recetas)	1/2 taza Limonada cetónica o caldo de huesos	Ensalada de Huevo (ver recetas)	1/2 taza Limonada cetónica o caldo de huesos
Miércoles	Huevos Revueltos (ver recetas)	1/2 taza Limonada cetónica o caldo de huesos	1-1/2 taza de sopa milagrosa Semana 3 y 4 (ver recetas)	1/2 taza Limonada cetónica o caldo de huesos	Pollo/Carne/Pescado 5 formas (ver recetas)	1/2 taza Limonada cetónica o caldo de huesos
Jueves	Queso Ricota 5 formas (ver recetas)	1/2 taza Limonada cetónica o caldo de huesos	1-1/2 taza de sopa milagrosa Semana 3 y 4 (ver recetas)	1/2 taza Limonada cetónica o caldo de huesos	Pollo/Carne/Pescado 5 formas (ver recetas)	1/2 taza Limonada cetónica o caldo de huesos
Viernes	1 taza de Super Bebida (ver recetas)	1/2 taza Limonada cetónica o caldo de huesos	Plato Frio o Caliente (ver recetas)	1/2 taza Limonada cetónica o caldo de huesos	Pastel de Pollo (ver recetas)	1/2 taza Limonada cetónica o caldo de huesos
Sábado	Aguacate 5 formas (ver recetas)	1/2 taza Limonada cetónica o caldo de huesos	Plato Frio o Caliente (ver recetas)	1/2 taza Limonada cetónica o caldo de huesos	Carne Molida Bolognaise con Coliflor (ver recetas)	1/2 taza Limonada cetónica o caldo de huesos
Domingo	1 taza de Super Bebida (ver recetas)	1/2 taza Limonada cetónica o caldo de huesos	Frittata (ver recetas)	1/2 taza Limonada cetónica o caldo de huesos	Aguacate 5 formas (ver recetas)	1/2 taza Limonada cetónica o caldo de huesos

Cosas importantes para recordar después de la colocación de la banda gástrica

• Come cuando tu cuerpo realmente sienta hambre.

• Es realmente importante establecer patrones de comidas regulares. Come con no menos de 3 horas y no más de 5 horas de diferencia entre las comidas.

• Aunque comer comidas y refrigerios establecidos puede parecerte inusual, es muy importante y gradualmente con el tiempo, se volverá más automático y natural.

No bebas y comas al mismo tiempo

• Beber líquidos con las comidas puede llenar demasiado tu pequeño estómago, lo que provocará vómitos.

• También puede estirar el estómago y "lavar" los alimentos demasiado rápido. Como resultado, no sentirás los primeros signos de plenitud y puedes sobrecargar tu estómago.

• Evita beber al menos 30 minutos antes y después de cada comida.

• Necesitarás tomar de 6 a 8 bebidas al día entre comidas.

Mastique bien los alimentos y coma lentamente

• Tómate tu tiempo durante tu comida; es probable que demores unos 30 minutos. Es un tiempo prudente, para asegurarte de que estás masticando correctamente.

• Si la comida no se mastica bien, puedes bloquear la salida de su estómago, lo que causará dolor, molestias, náuseas y vómitos.

• Explica a los demás en tu entorno por qué debes comer despacio para que no te apresuren.

El siguiente plan es sólo una guía, la cual muestra cómo realizar el plan de Dieta de 800 calorías sin sustitutos de comidas. Las recetas sugeridas las encuentras al final de este libro guía. Las recetas vienen con contenido nutricional y calorías. Asegúrate que la suma del contenido energético de todas las comidas que consumes en el día no exceda de 800 kcal.

Semana 1 al 8	Desayuno	Media Mañana	Almuerzo	Media Tarde	Cena Comida < 200 Kcal	Merienda Tardía
Lunes	1 barra de marca comercial	1/2 taza Limonada cetónica o caldo de huesos	1 sopa de marca comercial	1/2 taza Limonada cetónica o caldo de huesos	1 taza de Sopa de Berro con Huevo (ver recetas)	1 batido de marca comercial
Martes	1 batido de marca comercial	1/2 taza Limonada cetónica o caldo de huesos	1 barra de marca comercial	1/2 taza Limonada cetónica o caldo de huesos	1 taza de Sopa de Cebolla (ver recetas)	1 batido de marca comercial
Miércoles	1 batido de marca comercial	1/2 taza Limonada cetónica o caldo de huesos	1 panqueca de marca comercial	1/2 taza Limonada cetónica o caldo de huesos	1 taza de Sopa de Berro con Huevo (ver recetas)	1 batido de marca comercial
Jueves	1 batido de marca comercial	1/2 taza Limonada cetónica o caldo de huesos	1 sopa de marca comercial	1/2 taza Limonada cetónica o caldo de huesos	1 taza Leche Keto de Cúrcuma Dorada (ver recetas)	1 batido de marca comercial
Viernes	1 gachas de marca comercial	1/2 taza Limonada cetónica o caldo de huesos	1 barra de marca comercial	1/2 taza Limonada cetónica o caldo de huesos	1 taza de Crema de Broccoli (ver recetas)	1 batido de marca comercial
Sábado	1 panqueca de marca comercial	1/2 taza Limonada cetónica o caldo de huesos	1 barra de marca comercial	1/2 taza Limonada cetónica o caldo de huesos	1 taza de sopa milagrosa Semana 1 y 2 (ver recetas)	1 batido de marca comercial
Domingo	1 barra de marca comercial	1/2 taza Limonada cetónica o caldo de huesos	1 sopa de marca comercial	1/2 taza Limonada cetónica o caldo de huesos	1 taza de Crema de Espinaca (ver recetas)	1 batido de marca comercial

Plan de Comidas Sugerido – Con sustitutos (productos comerciales)

Si decides comenzar con productos comerciales de sustituto de comidas, debes aspirar a consumir alrededor de 600 calorías por día en productos, más 200 calorías en vegetales sin almidón (es decir, una sopa). Necesitarás esa fibra extra de las verduras (más mucha agua) para evitar el estreñimiento.

Hemos proporcionado algunas recetas de 200 calorías (las sopas milagrosas) en la sección de recetas que aparece más adelante en este libro guía.

Una de las ventajas de consumir los productos comerciales de reemplazo de comidas de buena reputación es que tú sabes que estás obteniendo un equilibrio de los nutrientes adecuados y que te evita el trabajo de cocinar, contar calorías y nutrientes. La desventaja es que el sabor de los productos no es particularmente agradable, al principio, sin embargo, tu gusto se acostumbrará al sabor en poco tiempo. Dependiendo del país donde vivas, puedes adquirir estos productos a un precio razonable, todo depende del costo de transporte.

Cabe destacar, que los sustitutos de comidas son utilizados por el ejército, astronautas, clínicas, hospitales, etc. Los soldados durante una misión o entrenamiento militar y los astronautas cuando están en una misión espacial no tienen el espacio para almacenar comida real o cargar con un gran peso a sus espaldas, además que la preservación de los alimentos se hace una tarea difícil.

Es por ello, que estos productos comerciales son ampliamente usados por ellos. Así que bórrate el paradigma de tu cabeza, que los productos sustitutos de comida son dañinos para tu salud. Siempre y cuando los adquieras de empresas alimenticias que se rigen por los estándares y reglas establecidos, que cumplan con la normativa en relación con los macros y micronutrientes.

Existe una empresa en el Reino Unido, donde Mente Subconsciente tiene su sede. Que se especializa en la venta de productos comerciales para las dietas de 800 kcal y enfocada en la cura de la diabetes tipo 2. Si estas interesado en seguir este camino. Puedes entrar a su página web https://www.dietaexante.es y consigue grandes descuentos con el cupón CLARA-R3. Si estas interesado en más información de como consumir estos productos, solo contáctanos y te orientaremos.

El siguiente plan es sólo una guía, la cual muestra cómo realizar el plan de Dieta de 800 calorías con productos comerciales.

RECETAS

Sopas Milagrosas

Super Bebidas

Limonada Cetónica

Caldo de Huesos

Platos Fríos

Platos Calientes

Carne/Pollo/Pescado – 5 formas

Carne Molida

Recetas con Huevos

Las Sopas Milagrosas

Las sopas son milagrosas por la nutrición que brindan y la sensación de llenura.
Vienen cargadas de excelentes nutrientes. Esta colección de 10 recetas de sopa se
basa en verduras bajas en carbohidratos. Añadimos la receta de consomé de hueso
y la bebida electrolítica.

Siempre trata de tener una sopa de verduras y consomé de huesos en la nevera.
Las recetas son para 5 o 6 porciones. Puedes elaborarlas una vez a la semana y las
puedes congelar en lotes.

Solo calentarlas, servirlas en un tazón y listo. Justo lo que necesitas para calmar el
hambre. También sirve como un bocadillo para media mañana o tarde y merienda
tardía.

Para las semanas 1 y 2, se deben licuar las sopas. Para las semanas 3 en adelante,
no se necesita licuarlas.

Escoge tus favoritas y prepara 2 o 3 tipos de sopas y las divides en porciones. Esto
te ahorrará mucho tiempo en la cocina. Respeta las medidas indicadas en el plan de

alimentación.

Consomé De Hueso – 59 kcal/taza
(2 litros o 8 tazas)

Piensa en esta receta y la Limonada Cetónica como suplementos de tu dieta. Solo 1 taza (240 ml) al día ayuda mucho al cuerpo a restaurar el colágeno perdido y los nutrientes necesarios.

Este consomé será la base para hacer tus sopas y cremas. Pregúntele a cualquier chef cual es la base de cualquier plato exquisito, y él le dirá con seguridad, que el secreto es usar un buen caldo base. También lo puedes tomar solo en forma fría o caliente.

4 lb (1.8 kg) de huesos de pollo, incluidos lomos, alas, patas y / o pieles
1 tallo de apio troceada
1 cebolla, cortada en cuartos
2 zanahorias picadas
un puñado grande de hierbas aromáticas (perejil, tomillo, laurel)
2 ramas de apio picadas
2 dientes de ajo
2 cucharaditas de sal marina o sal de roca del Himalaya
Una pizca de pimienta negra molida

Dorar el pollo: cortar en trozos los huesos, alas, patas, etc. y asar en un horno precalentado durante 20 minutos a 200 °C. Alternativamente, cocine los trozos en un poco de aceite en una sartén a fuego medio hasta que estén dorados. Dorar el pollo crea la reacción de Maillard, que agregará intensidad de sabor al caldo.

Agregar aromáticos: En una olla grande, agrega un poco de aceite y cocine la cebolla y el ajo. Luego agrega las zanahorias picadas, las ramas de apio picadas, granos de pimienta, un puñado grande de hierbas aromáticas, como perejil, tomillo fresco y hojas de laurel. Coloque los huesos de pollo en la olla. Cubrir con agua fría hasta unos 2,5 cm por encima del nivel de los ingredientes en la olla. Llevar a ebullición, luego reducir el fuego. cocine a fuego lento durante al menos 1 1/2 horas (idealmente 3-4 horas). Quite la espuma que sube a la superficie. Añada agua caliente, no deje que se seque el caldo. Debe quedar 2 litro o 8 tazas de caldo.

Sí usa una olla a presión, cocine de 30 minutos a 1 hora. Retirar el caldo del fuego y dejar enfriar, luego quitar la grasa y verterlo por un colador fino. Así lograrás cuantificar exactamente tu ingesta de grasa durante la dieta. Úselo inmediatamente, guárdelo en el refrigerador hasta por 3 días o congélelo hasta por 3 meses.

Nutrición
Porción: 1 taza | Calorías: 59 kcal | Hidratos de carbono: 1 g | Proteínas: 13 g |
Grasas: 0.5 g

Limonada Cetónica – Bebida de Electrolitos Casera – 0 kcal/taza
(1.2 litro o 5 tazas)

5 tazas (1.2 litros) de agua filtrada, agua de coco o te de hierbas de tu gusto
½ taza de jugo de limón o lima fresco
1/8 cucharadita de sal de roca del Himalaya
½ cucharadita de cloruro de potasio o cremor tártaro (para más potasio)
2 cucharadas de magnesio en polvo (adquirido en cualquier tienda naturista)
Opcional: 20 a 30 gotas de estevia liquida o al gusto

Coloca todos los ingredientes en una jarra, agita y bebe. Puedes mantenerlo en la
nevera.

Esta bebida es excelente para balancear los electrolitos en tu cuerpo, te ayudará a
ahuyentar los calambres del cuerpo. Es muy importante usar una sal sin refinar, que
tenga todos los minerales naturales como el potasio, el magnesio y el sodio. Vale la
pena la inversión en la compra de un paquete de sal de roca del Himalaya o una sal
marina de excelente calidad. Asegúrate de tener una jarra de esta limonada en la
nevera, lista para tomar.

Nutrición
Porción: 1 taza | Calorías: 0 cal | Hidratos de carbono: 0 g | Proteínas: 0 g | Grasas:
0 g
Potasio: 216 mg | Sodio: 104 mg | Vitamina C: 1% | Magnesio: 179 mg

Crema de Tomate Cremosa – 326 kcal/taza
6 porciones

3 cucharadas de aceite de oliva (45 ml)
1 cebolla mediana, cortada en cubitos (70 g)
2 dientes de ajo machacados
2 latas de tomates triturados (800 g)
2 tazas de caldo de huesos (480 ml)
1 / 2 taza de crema espesa (120 ml)
2 tazas de queso cheddar rallado o queso parmesano (226 g)

Orégano, sal marina y pimienta, al gusto
Opcional: albahaca fresca

En una olla grande a fuego medio alto, agregue el aceite, la cebolla y el ajo y saltee durante 5 minutos, luego agregue los tomates triturados y el caldo, deje hervir. Agregue el queso rallado a la sopa poco a poco hasta que se derrita por completo en la sopa. Cocine a fuego bajo hasta que se espese.

Para las semanas 1 y 2 use una licuadora de inmersión o transfiera a una licuadora y mezcle con la crema hasta que quede suave. Sazone con el orégano, la sal y la pimienta. Si la guarda en porciones en la congeladora, la crema la puede añadir al momento de consumirla.

Para las semanas 3 y 4, no licue completamente, deje la sopa con algunos trozos.

Nutrición
Porción: 1 taza | Calorías: 326 kcal | Hidratos de carbono: 7.8 g | Proteínas: 11.4 g | Grasas: 28.2 g

Crema de Pollo – 486 kcal/taza
5 porciones

1 cucharada de mantequilla
1 cebolla pequeña cortada en cubitos
85 gramos de apio cortado en cubitos
454 gramos (1 libra) de pechuga de pollo cortada en trozos
1/2 cucharadita de sal
1/2 cucharadita de pimienta
3 tazas de caldo de huesos (ver receta)
1 taza de crema espesa o nata para batir con 35% grasa
1/2 cucharadita de goma xantana
1 cucharada de cebollino finamente picado
Cayena al gusto

Coloca tu olla a fuego alto, agregue la mantequilla, la cebolla y el apio y saltee hasta que la cebolla se torne transparente. Agregue el pollo, la sal, la pimienta y el caldo y revuelva bien. Coloque la tapa en la olla, y reduzca el fuego a bajo. Cocine por 1 hora. Apague el fuego y deje reposar.

Para las semanas 1 y 2 use una licuadora de inmersión o transfiera a una licuadora y mezcle hasta que quede suave. Coloca la olla a fuego lento y agrega la crema. Espolvoree la goma xantana (espesante) sobre la sopa hirviendo y bata durante 5 minutos para asegurarse de que no queden grumos.

Retirar del fuego y servir cubierto con cebollino.

Para las semanas 3 y 4, no licue completamente, deje la sopa con algunos trozos.

Nutrición

Porción: 1 taza | Calorías: 486 kcal | Hidratos de carbono: 3.8 g | Proteínas: 47.5 g | Grasas: 30.3 g

Sopa de Mariscos – 246 kcal/taza
5 porciones

10 camarones crudos (100 g)

300 gramos de pescado blanco

2 cucharadas de aceite de coco, divididas (28 g / 1 oz)

1 cebolla mediana, cortada en cubitos (110 g / 3.9 oz)

4 dientes de ajo de cada uno (12 g / 0.4 oz)

1 pieza de raíz de jengibre o galanga de una pulgada, pelada y cortada en 8 trozos (22 g / 0,8 oz)

1 / 2 cucharadita de cáscara de lima fresco

1 chile picados en trozos pequeños (10 g / 0,4 oz)

3 tazas de caldo de huesos (ver receta)

1 calabacín verde pequeño (118 g / 4.2 oz)

2 cucharadas de jugo de lima fresco (31 g / 1.6 oz)

1 / 4 manojo de cilantro fresco, picado en trozos grandes (25 g)

Sal y pimienta al gusto

Sazona el pescado con sal, pimienta y mételo en el refrigerador. Pelar y desvenar los camarones, dejando a un lado las cáscaras de camarón.

En una olla grande, caliente 1 cucharada de aceite de coco a fuego medio. Agrega las cáscaras de camarón y revuelve rápidamente para cocinarlas. Se queman fácilmente, así que manténgalos en movimiento. Cocine hasta que tomen un color rojo.

Agregue cebolla, ajo, galanga (o jengibre), ralladura de cáscara de lima fresca, chiles y un poco de sal y pimienta. Cocine durante unos 3 minutos o hasta que las cebollas estén ligeramente traslúcidas.

Agrega el caldo de pollo a la olla. Hervir a fuego lento durante unos 30 minutos, cuélelo. Deseche las conchas. Vuelve a colocar el caldo a la estufa a fuego lento. Caliente una sartén grande a fuego alto. Una vez caliente, agrega la otra cucharada de aceite de coco, el calabacín con un poco de sal y pimienta. Saltee hasta que esté bien cocido, pero aún un poco firme. Agregue al caldo de camarones.

Agregue el pescado sazonado al caldo. Cocine por 5 minutos. Agrega los camarones crudos al caldo de camarones. Deje que el pescado y los camarones hiervan a fuego lento durante aproximadamente 1 a 2 minutos. Agrega el jugo de lima, y un poco de sal y pimienta. Pruebe el caldo y ajuste la sazón. Cuando los camarones estén bien cocidos, aproximadamente 1 minuto más, agregue el cilantro fresco. ¡Sirve o congela!

Esta receta es solo para la semana 3 y 4. No se licua.

Nutrición
Porción: 1 taza | Calorías: 246 kcal | Hidratos de carbono: 6.5 g | Proteínas: 25.4 g | Grasas: 13.9 g

Crema de Espinaca – 240 kcal/taza
5 porciones

4 rebanas de tocino finamente picado
3 taza de caldo de hueso (ver receta)
1 yema de huevo
½ puerro o ajoporro picado
1 cucharada de aceite de oliva
1/2 cebolla cortada en cubos
1 taza de espinaca, sin tallos, lavada
2 dientes de ajo machacados
2 cucharadas de crema espesa o nata para batir con 35% grasa
sal marina al gusto
pimienta negra al gusto

Calienta el aceite en una olla, cocina el tocino. En la misma olla, saltea la cebolla, ajoporro y el ajo, cocina por 5 minutos. Añade la espinaca, hasta que se suavice, vierte el caldo. Sazonar con sal y pimienta a tu gusto. Baja el fuego, tapa la olla y cocina por 10 minutos. Apaga el fuego. Para las semanas 1 y 2 use una licuadora de inmersión o transfiera a una licuadora y mezcle hasta que quede suave, añade el huevo y la crema, sigue licuando. El calor será suficiente para cocinar el huevo. ¡Sirve o congela!

Para las semanas 3 y 4, no licue completamente, deje la sopa con algunos trozos de tocino.

Nutrición
Porción: 1 taza | Calorías: 240 kcal | Hidratos de carbono: 18.4 g | Proteínas: 13.2 g | Grasas: 18 g

Sopa de Berro con Huevo – 153 kcal/taza
6 porciones

100 gramos de carne de tu preferencia cortado en cubos
2 rebanas de tocino finamente picado
3 tazas de caldo de hueso (ver receta)
1 huevo
½ puerro o ajoporro picado
1 cucharada de aceite de oliva
1/2 cebolla cortada en cubos
1 taza de berro, sin tallos, lavada
2 dientes de ajo machacados
sal marina al gusto
pimienta negra al gusto

Calienta el aceite en una olla, sofríe la carne y el tocino. En la misma olla, saltea la cebolla y el ajo, añade el ajoporro o puerro, cocina por 5 minutos. Añade la espinaca, hasta que se suavice, vierte el caldo. Sazonar con sal y pimienta a tu gusto. Baja el fuego, tapa la olla y cocina por 20 minutos o hasta que la carne se ablande.
Para las semanas 1 y 2 use una licuadora de inmersión o transfiera a una licuadora y licue hasta que quede cremosa sin grumos, añade el huevo, sigue licuando. El calor será suficiente para cocinar el huevo. ¡Sirve o congela!

Para las semanas 3 y 4, no licuar. Añadir el huevo a la olla una vez que la carne se ablande y deja 2 minutos más hasta que este pochado. Apaga el fuego.

Nutrición
Porción: 1 taza | Calorías: 153 kcal | Hidratos de carbono: 14.2 g | Proteínas: 13.5 g | Grasas: 5.6 g

Sopa de Pollo al Curry y Coco – 337 kcal/taza
6 porciones

6 tazas de agua
1 kg de muslo y contramuslo de pollo con hueso y piel
1 lata de leche de coco de 240 ml
2 cucharadas de jugo de lima
1 cucharada de polvo de curry
400 gramos de ajoporro o puerro picado
1 cucharada de aceite de oliva
1 cebolla cortada en cubos
2 dientes de ajo machacados
sal marina al gusto
pimienta negra al gusto

Adoba el pollo con sal y pimienta. Calienta el aceite en una olla, sofríe el pollo, retíralo a una bandeja aparte (alternativamente hornéalo a 160°C hasta que este cocinado). En la misma olla, saltea la cebolla y el ajo, añade el ajoporro, cocina por 5 minutos. Añade el curry y sofríe otro minuto. Vierte 6 tazas de agua, coloca el pollo previamente cocinado llévalo a ebullición. Rectificar la sal y pimienta a tu gusto. Baja el fuego, tapa la olla y cocina por 10 minutos o hasta que el pollo este bien cocinado. Retira el pollo, retira los huesos y la piel, desméchalo. Retorna el pollo desmechado a la olla de la sopa, vierte la leche de coco, déjalo en el fuego bajo sin dejarlo hervir. Apaga el fuego.

Para las semanas 1 y 2 use una licuadora de inmersión o transfiera a una licuadora y licue hasta que quede cremosa sin grumos. Por último, añade el jugo de lima y algunas hojas de cilantro.

Para las semanas 3 y 4, no licuar, retorna el pollo desmechado a la olla y vierte la leche de coco, déjalo en el fuego bajo sin dejarlo hervir. Apaga el fuego.

Nutrición
Porción: 1 taza | Calorías: 337 kcal | Hidratos de carbono: 12.1 g | Proteínas: 30.7 g | Grasas: 18.7 g

Crema de Broccoli – 191 kcal/taza
5 porciones

1 puerro, solo parte blanca
1 diente de ajo, picado
2 cucharadas de mantequilla, salada
425 gramos de brócoli (2 cabezas medianas)
½ taza de crema espesa o nata para batir con 35% grasa
2 ½ tazas de caldo de huesos
1 cucharadita de sal
1 cucharadita de pimienta
1 cucharada de perejil picado

Picar en trozos grandes la parte blanca del puerro y colocar en una cacerola grande, junto con la mantequilla y el ajo. Saltea los puerros a fuego lento hasta que empiecen a ponerse traslúcidos. Corta el brócoli en floretes de tamaño uniforme y colócalo en la cacerola. Agrega el caldo y revuelve. Asegúrate de que el brócoli esté cubierto por el caldo, puedes completar con agua si es necesario. Cocina a fuego medio durante 8 minutos. Si cocinas el brócoli demasiado rápido, se decolorará y la sopa se volverá marrón. Para saber si el brócoli está cocinado, este será fácil de romper con una cuchara.

Para las semanas 1 y 2, con una batidora de mano, mezcla cuidadosamente la sopa hasta que no queden grumos. Agrega la nata. Revuelve con la sal, la pimienta y el perejil.

Para las semanas 3 y 4, puedes seguir la misma receta y agregas 1/4 taza de pollo cocinado en cubos extra.

Nutrición
Porción: 1 taza | Calorías: 191 kcal | Hidratos de carbono: 11.7 g | Proteínas: 9.7 g | Grasas: 12.4 g

Gazpacho – 104 kcal/taza

4 porciones

1 ½ kilo de tomates
5 dientes de ajo, sin pelar
6 cucharadas de aceite de oliva
1 cucharada de vinagre balsámico
1 pepino, pelado, sin semillas, cortado en cubitos
1 pimentón rojo cortado en tiras
1 cucharada de jugo de limón
Cilantro para servir
sal marina al gusto
pimienta negra al gusto

Precalienta el horno a 220°C. Coloca el tomate y los dientes de ajos en una bandeja, rocía tres cucharadas de aceite por encima y hornea por 20 minutos. Deja enfriar. Pela los tomates y los ajos. Licua con el líquido en la bandeja. Añade sal y pimienta, dos cucharadas de aceite, el vinagre. Pasa la mezcla por un colador en un recipiente. Llévalo al refrigerador hasta el momento de servir. Prepara la salsa, mezclando el pepino, pimentón, 1 cucharada de aceite, limón y sal.
Sirve el gazpacho con un poco de salsa y hojas de cilantro. Esta es una sopa fría ideal para el verano.

Para las semanas 1 y 2, no agregues la salsa.

Para las semanas 3 y 4, agregas la salsa.

Puedes seguir la misma receta y agregar 1/4 taza de pollo cocinado en cubos extra o 4 camarones cocinados, para aumentar la cantidad de proteínas y extra de aceite de oliva.

Nutrición
Porción: 1 taza o 200 gramos | Calorías: 104 kcal | Hidratos de carbono: 8 g | Proteínas: 1.6 g | Grasas: 6.6 g

Sopa de Cebolla – 199 kcal/taza
4 porciones

3 cucharadas de aceite de oliva

1 cebollas de cabeza grandes, peladas y cortadas en rodajas

1 cucharada de tomillo fresco o ½ cucharadita de tomillo seco

3 dientes de ajo pelados y machacados

1 hoja de laurel

1 litro de caldo de huesos

2 tajadas de queso gruyere, emmental o cualquier queso que gratine

sal marina al gusto

pimienta negra al gusto

En una olla a fuego medio-bajo, calienta el aceite, cocina la cebolla, ajo, y el tomillo hasta que estén suaves. Aumenta el fuego a medio-alto, y cocina las cebollas hasta que se caramelicen (unos quince minutos. Vierte el caldo con la hoja de laurel y cocina hasta que hierva. Desecha la hoja de laurel. Sazona, baja el fuego y cocina por 15 minutos. Sirve en un tazón.

Para las semanas 1 y 2, añada el queso y con una batidora de mano, mezcla cuidadosamente la sopa hasta que no queden grumos y el queso se derrita por completo.

Para las semanas 3 y 4, no necesitas licuar la mezcla. Coloque el queso encima y gratine en el horno o en el microondas por 1 minuto hasta que el queso se derrita.

Nutrición

Porción: 1 taza | Calorías: 199 kcal | Hidratos de carbono: 23.9 g | Proteínas: 16.5 g | Grasas: 5.6 g

Crema de Coliflor con Chorizo – 251 kcal/taza
6 porciones

1 coliflor grande (800 g / 1,7 lb)

1 cebolla blanca pequeña, picada (70 g)

2 tazas de caldo de huesos (480 ml) (vea la receta)

1 salchicha de chorizo español o pepperoni mediano (150 g)

3 cucharadas mantequilla (45 g)

1 / 2 cucharadita de sal de mar, o más al gusto

1 cebolleta mediana o cebollino para decorar (15 g)

Lave la coliflor y córtela en floretes pequeños.

En una olla grande sobre fuego medio-alto, derrita 2 cucharadas de mantequilla y agregue la cebolla finamente picada. Cocine hasta que esté ligeramente dorado. Agregue la coliflor y cocine por unos 5 minutos más. Agregue el caldo y cubra con una tapa. Cocine durante unos 10 minutos y retire del fuego. Cortar el chorizo en dados. Coloque en una sartén de base pesada engrasada con la mantequilla restante y cocine a fuego medio-alto hasta que el chorizo esté crujiente durante unos 8-10 minutos. Transfiera la mitad del chorizo a la sopa.

Para las semanas 1 y 2, mezcle el chorizo y cebollín con la sopa y con una batidora de mano, pulse hasta que quede suave y cremoso. Sazone con sal y pimienta de cayena. Opcionalmente, puede agregar 1/2 taza de crema batida espesa.

Para las semanas 3 y 4, con una batidora de mano, licue la sopa, pulse hasta que quede suave y cremoso. Sazone con sal y pimienta de cayena. Agregar chorizo, cebollín. Opcionalmente, puede agregar 1/2 taza de crema batida espesa o queso cheddar rallado.

Nutrición
Porción: 1 taza | Calorías: 251 kcal | Hidratos de carbono: 10.6 g | Proteínas: 10.7 g | Grasas: 19.1 g

Las Super Bebidas

Keto Matcha Latte a prueba de balas – 268 kcal/taza
2 porciones

1/2 taza de agua hirviendo (120 ml)
1 cucharadita - polvo matcha
1/3 taza de leche de coco (80 ml)
1 cucharada de aceite MCT o aceite de coco extra virgen

Opcional: 1-3 gotas de Stevia líquida o 1-2 cucharaditas de eritritol o Swerve o 1 cucharadita de miel casera sin azúcar

Primero, debes mezclar el polvo de matcha en agua caliente. Puede utilizar un batidor de bambú o una máquina de hacer frappé / espumador de leche. Agregue aceite de coco o MCT y vuelva a batir. Vierta en un vaso para servir. Para hacer la espuma de leche de coco, puedes usar un espumador de leche o batidor. Vierta la leche de coco espumosa en el vaso con matcha. Opcionalmente, espolvoree con más matcha en polvo, vainilla en polvo o canela y agregue su edulcorante bajo en carbohidratos favorito o un poco de miel casera sin azúcar.

Nutrición
Porción: 1 taza | Calorías: 268 kcal | Hidratos de carbono: 2.6 g | Proteínas: 1.8 g | Grasas: 29.7 g

Latte de té Chai bajo en carbohidratos – 133 kcal/taza
4 porciones

Mezcla de té chai:
1/2 cucharaditas de canela
1/4 cucharadita de polvo de jengibre o 1 cucharadita recién jengibre rallado
1/4 pimienta de Jamaica cucharadita
1/4 semillas de hinojo
1/4 cucharadita de nuez moscada
1/4 cucharadita de cardamomo
2 cucharadita de extracto de vainilla
pizca de sal marina
2 bolsitas de té negro
2-3 tazas de agua

Mezclar con:
1/2 taza de leche de almendras (120 ml)
1/2 taza de leche de coco o crema de leche (120 ml)
1 cucharada de eritritol o Swerve u otro edulcorante bajo en carbohidratos

Mezclar todas las especias y colocarlas en una bolsita de té o directamente en una olla con agua hirviendo. Agregue las bolsitas de té negro a la olla con agua hirviendo.
Cocine a fuego lento durante 20-25 minutos. Retire y deseche las bolsitas de té y cuele si es necesario.
Calentar la leche de almendras y coco (o nata) y verter en un vaso. Agrega la mezcla de té chai, revuelve y disfruta.

Puedes preparar la mezcla de té chai con anticipación y guardarla en el refrigerador. Cuando sea necesario, caliéntelo y mézclelo con leche de almendras y leche de coco (o crema).

Nutrición
Porción: 1 taza | Calorías: 133 kcal | Hidratos de carbono: 3.6 g | Proteínas: 1.6 g | Grasas: 13 g

Leche Keto de Cúrcuma Dorada – 248 kcal/taza
4 porciones

2 tazas de leche de coco (480 ml)
2 tazas de leche de almendras sin azúcar (480 ml)
2 cucharadas de cúrcuma recién rallada o 2 cucharaditas de cúrcuma molida
1 cucharada de jengibre recién rallado o 1 cucharadita de jengibre molido
1 cucharadita de canela
1 cucharadita de vainilla en polvo o esencia
1/4 cucharadita de pimienta negro (mejora significativamente la absorción de la cúrcuma)
2 cucharadas de Eritritol o Swerve (20 g) o gotas de Stevia al gusto

Opcional: 2 cucharadas de aceite de coco virgen o aceite MCT

Ralla el jengibre y la cúrcuma. Recomiendo usar guantes protectores, ya que la raíz de cúrcuma mancha y es difícil de limpiar. Lo mismo se aplica al tope de la cocina y la tabla de cortar. El color vibrante de la cúrcuma se desvanecerá con el tiempo, pero es mejor si evita que toque las superficies que le interesan.

Dependiendo de la disponibilidad y preferencia, puede usar cúrcuma y jengibre frescos o cúrcuma y jengibre en polvo. Vierta la leche de coco y la leche de almendras en una cacerola. Agregue la cúrcuma y el jengibre rallados, la canela, la vainilla en polvo, la pimienta negra y el eritritol.
Deje hervir y cocine a fuego lento durante 5 minutos. Apaga el fuego y déjalo reposar durante 5 minutos. Colar a través de un colador de malla fina y desechar las especias. Opcionalmente, agregue aceite de coco y combine con un batidor de mano o vierta en una licuadora y pulse hasta que esté suave y espumoso.
Servir inmediatamente o dejar enfriar y beber con hielo.

Guárdelo en un recipiente hermético en el refrigerador hasta por 5 días. Las especias se asentarán en el fondo; asegúrese de revolverlo antes de servir.

Nutrición
Porción: 1 taza | Calorías: 248 kcal | Hidratos de carbono: 5.5 g | Proteínas: 3 g |
Grasas: 25.6 g

Capuchino bajo en carbohidratos sin lácteos – 113 kcal/taza
4 porciones

1/2 taza de café expreso
1/4 taza de leche de coco tipo barista (60 ml)
pizca de canela o cacao en polvo
Opcional: 3-6 gotas de extracto líquido de Stevia u otro edulcorante saludable bajo
en carbohidratos

El balance básico de un buen capuchino es aproximadamente 1/3 de café, 1/3 de
leche caliente y 1/3 de espuma de leche. Antes de abrir la caja con leche de coco,
agítala bien durante unos 30 segundos. Calienta la leche a fuego bajo y con un
espumador produce la espuma.

Prepara la cantidad requerida de expreso (solo llena un tercio de taza). Vierte un
poco de leche de coco caliente en el expreso usando un cuchillo / espátula para
retener la espuma. Cuando la taza esté llena hasta 2/3, vierte la espuma en la parte
superior. Espolvorea un poco de cacao en polvo o canela y ¡listo!

Nutrición
Porción: 1 taza | Calorías: 113 kcal | Hidratos de carbono: 1.8 g | Proteínas: 1.3 g |
Grasas: 12.1 g

Batido de Fresa Keto – 276 kcal/taza
1 porción

1/4 taza de leche de coco o crema de leche (60 ml)
3/4 taza leche de almendras sin azúcar o agua (180 ml)
1/2 taza de fresas, frescas o congeladas (72 g)
1 cucharada de aceite MCT o aceite de coco virgen extra
1/2 cucharadita de extracto de vainilla sin azúcar

Coloque la leche de coco, la leche de almendras, las fresas y la vainilla en una licuadora.

Agregue el aceite MCT y opcionalmente unas gotas de Stevia.

Pulse hasta que quede suave y sirva inmediatamente.

Consejo: para obtener un batido más espeso, agregando una cucharada de semillas de chía. Pulsa hasta que quede suave.

Nutrición

Porción: 1 taza | Calorías: 276 kcal | Hidratos de carbono: 6.4 g | Proteínas: 2.5 g | Grasas: 27.4 g

Batido de aguacate y chocolate Keto – 217 kcal / taza
2 porciones

2 tazas de leche de almendras sin azúcar

2 cucharadas de polvo de proteína aproximadamente 35 g (o dos claras de huevo)

1 cucharada de cacao en polvo 75%

1/2 aguacate

3 cucharaditas de semilla de chía

pizca de canela

1/2 cucharadita de esencia de vainilla

1 taza de hielo opcional

Cortar por la mitad y quitar la carne de la mitad de un aguacate

Coloca todos los ingredientes en tu licuadora.

Licue en alto durante medio minuto o hasta que quede suave.

Vierta los ingredientes en dos vasos grandes.

Para una consistencia más espesa, ponga el batido en el refrigerador por 15 minutos hasta que las semillas de chía absorban algo del líquido. Si lo deja demasiado tiempo, es posible que necesite una cuchara.

Servir inmediatamente.

Nutrición

Porción: 1 taza | Calorías: 217 kcal | Hidratos de carbono: 8 g | Proteínas: 13 g | Grasas: 16 g

Sodio: 440 mg | Potasio: 268 mg | Fibra: 6 g | Vitamina A: 73 UI | Vitamina C: 5 mg | Calcio: 344mg | Hierro: 1 mg

Frappuccino de Café Cetogénico – 142 kcal / taza
1 porción

2 tazas de hielo
½ taza de café, elaborado y frío
¾ taza de leche de almendras sin azúcar
2 cucharadas de crema espesa con 35% materia grasa
2 cucharaditas de eritritol o su cantidad preferida de edulcorante
1 cucharadita de esencia de vainilla
Crema Batida Keto, para servir (opcional)
Salsa Keto de Fudge de Chocolate, para servir (opcional)

Coloque el hielo, el café, la leche de almendras, la crema espesa, el eritritol y la vainilla en una licuadora de alta potencia. Licue a alta velocidad durante 2-3 minutos, hasta que todo el hielo se haya roto.
Pruebe y agregue edulcorante adicional, si lo desea.

Vierta en un vaso alto y cubra con Crema Batida Keto y un chorrito de Salsa Keto de Fudge de Chocolate. ¡Disfrutad!

Nutrición

Porción: 1 taza | Calorías: 142 kcal | Hidratos de carbono: 2 g | Proteínas: 2 g | Grasas: 13 g | Sodio: 259 mg | Potasio: 58 mg | Fibra: 1 g | Vitamina A: 441 UI | Calcio: 245 mg

Crema Batida Keto – 103 kcal / 30 gramos (2 cucharadas)

2 tazas de crema espesa fría con 35% materia grasa
2 cucharaditas de eritritol
1 cucharadita de esencia de vainilla

Asegúrese de que su crema espesa esté muy fría pero no congelada. Vierta 2 tazas de crema espesa en un tazón grande, frio y limpio para mezclar (asegúrese de que el tazón se haya enjuagado bien con agua, el más mínimo residuo puede arruinar la crema batida). Agrega 2 cucharaditas de eritritol a la crema. Tome una batidora de mano y comience a batir la crema a velocidad baja, puede aumentar la velocidad a media si cree que no rociará la crema por todas partes.

Después de 2 minutos de batido agregue esencia de vainilla si lo desea. Continúa batiendo hasta que la crema forme picos suaves. No batir más allá del punto de picos suaves o comenzará a hacerse mantequilla. Transfiera su crema batida a un tazón para servir, aplíquela a la receta o bebida o guárdela en un recipiente hermético hasta por 3 días.

Nutrición

Servicio: 30 g | Calorías: 103 kcal | Hidratos de carbono: 0 g | Proteínas: 0 g | Grasas: 11 g | Sodio: 11 mg | Potasio: 22 mg | Azúcar: 0 g | Vitamina A: 435 UI | Vitamina C: 0,2 mg | Calcio:19 magnesio

Receta de salsa de chocolate cetogénico - 134 kcal / 30 gramos (2 cucharadas)

3 cucharadas de mantequilla sin sal
85 gramos de chocolate negro sin azúcar
½ cucharadita de esencia de vainilla
2/3 taza de crema espesa con 35% materia grasa
2 cucharadas de eritritol

Coloque un recipiente resistente al calor sobre agua hirviendo y agregue la mantequilla y el chocolate.
Cuando el chocolate esté casi derretido, mezcle la vainilla, la crema y el eritritol. Revuelva bien hasta que esté combinado y suave. Retirar del fuego y servir tibio.

Nutrición
Servicio: 30 g | Calorías: 134 kcal | Hidratos de carbono: 4 g | Proteínas: 2 g | Grasas: 14 g | Sodio: 9 mg | Potasio: 128 mg | Fibra: 2 g | Vitamina A: 255 UI | Vitamina C: 0,1mg | Calcio: 23 mg | Hierro: 2,5 mg

Mocha Cetogénico – 268 kcal/taza
2 tazas

4 cafés expreso o equivalente a café instantáneo
4 cucharadas de polvo MCT o aceite de coco
1 cucharada de cacao en polvo
6 cucharaditas de eritritol
4 cucharadas de crema espesa con 35% materia grasa
1/2 taza de crema batida cetogénica (ver receta)
2 pizcas de chocolate en polvo sin azúcar

Coloque los ingredientes secos, MCT en polvo, cacao en polvo y eritritol (también café si se usa instantáneo) en un vaso grande y mezcle para evitar que el polvo de

MCT se acumule

Una vez mezclado, agregue una taza de agua hirviendo a un vaso más grande o una cacerola. Agregue la crema espesa y mezcle. Dividir entre dos vasos o tazas de café y cubra con Crema Batida Keto. Adorne con chocolate en polvo sin azúcar (opcional) ¡Sirve caliente y disfruta!

Nutrición

Porción: 1 taza | Calorías: 269 kcal | Hidratos de carbono: 2 g | Proteínas: 1 g | Grasas: 29 g | Sodio: 11 mg | Potasio: 63 mg | Fibra: 1 g | Vitamina A: 440 UI | Calcio: 19mg | Hierro: 0,4 mg

Platos Fríos

Estos platos fríos son muy fáciles de hacer y te ayudaran a completar las 800 calorías diarias y sentirte satisfecho.

Plato Mediterráneo – 220 kcal

En un plato coloca 2 cucharadas de hummus (crema de garbanzos), un pedazo de queso feta del tamaño de una caja de fósforos, 5 aceitunas, 3 anchoas, un pimentón rojo, una pieza de pepino de 7 cm, 5 tomates cereza o Cherry.

Plato Mexicano – 350 kcal

En un plato coloca 2 cucharadas de guacamole, salsa y crema agria, 100 gramos de tiras de pollo cocinado, 5 bastones de zanahoria, 5 bastones de apio.

Aguacate o palta – 5 formas

Con huevo pochado – 200 kcal
Corta la mitad un aguacate de tamaño mediano en lonjas gruesas. Espolvorea con un poco de paprika, coloca un huevo pochado encima y sazona al gusto.

Con queso Edam y nueces pecanas – 320 kcal
Corta en cubos un aguacate entero, colócalo en un recipiente y añade un pedazo de

queso Edam del tamaño de una caja de fosforo, cortado en cubos, y 5 nueces pecanas.

Con atún y cebolleta – 200 Kcal

Corta la mitad un aguacate de tamaño mediano en lonjas gruesas. Espolvorea con un poco de paprika. Drena una lata de atún en agua pequeña. Coloca el atún sobre el aguacate, y mezcla con 2 cucharadas de cebolleta rebanada. Puedes unir todo en forma de papilla y colocarlo encima de 4 rodajas de tomate.

Con huevo sancochado – 436 kcal

Corta la mitad un aguacate de tamaño mediano en lonjas gruesas. Espolvorea con un poco de paprika. Corta dos huevos sancochados (ver receta) en cubos. Mezcla ¼ taza yogurt con 1 diente de ajo machacado y 1 cucharadita de mostaza, añade el huevo. Coloca los huevos sazonados sobre el aguacate y sazona al gusto.

Con queso mozzarella y aceituna – 400 kcal

Corta la mitad un aguacate de tamaño mediano en lonjas gruesas. Espolvorea con un poco de paprika. 2 tomates medianos cortados en rodajas, mezclado con 5 aceitunas, 100 gramos de mozzarella en trozos. Mezcla todos los ingredientes, rocía con 1 cucharada de aceite de oliva y el jugo de un limón, sazona al gusto.

Queso Ricota – 3 formas

Con Peras y nueces – 210 kcal

En un plato hondo, coloca 100 gramos de queso ricota, mézclalo con una pera pequeña cortada en cubos y 5 nueces picadas.

Al Estilo Medio Oriente – 90 kcal

En un plato hondo, coloca 100 gramos de queso ricota, mézclalo con un tomate cortado en cubos, 5 cm de pepino cortado en cubos, y una cucharada de perejil picado. Añade el jugo de un limón y sazona al gusto.

Con Frambuesas y espinacas – 140 kcal

En un plato hondo, coloca 100 gramos de queso ricota, mézclalo con un puño de hojas de espinacas cortadas en trozos pequeños. Añade ½ taza de frambuesas frescas o fresas. Añade el jugo de un limón y sazona al gusto.

Platos Calientes

Rápido y Furioso 1 – 298 kcal
En una sartén grande a fuego medio, coloca media cucharada de mantequilla sin sal, 2 claras de huevo, 1 taza de espinacas, 1 lonja de tocino, 50gramos de champiñones. Distribuye los ingredientes en la sartén, cocina hasta que los huevos se cuajen. Sirve en un plato, junto a 30 gramos (tamaño de una caja de fosforo) de queso cheddar y 50 gramos (1/2 taza) de repollo agrio o sauerkraut.

Rápido y Furioso 2 – 385 kcal
En una sartén grande a fuego medio, coloca media cucharada de mantequilla sin sal, 1 huevo, 1 taza de espinacas, 2 lonjas de tocino, 50gramos de champiñones (1/2 taza), 20 gramos de pimentón rojo cortado en juliana (un puño). Distribuye los ingredientes en la sartén, cocina hasta que los huevos se cuajen. Sirve en un plato, junto a 30 gramos (tamaño de una caja de fósforo) ce queso ricota y 30 gramos (tamaño de una caja de fósforo) de queso gouda.

Carne/Pollo/Pescado – 5 formas

Con Lima y Jengibre – 130 kcal
Marina un filete de pechuga, un bistec o un filete de pescado blanco (de 100 gramos) con el jugo de media lima, ½ cucharadita de 5 especias chinas, 1 cucharada de aceite de oliva, 1 cucharadita de jengibre fresco rallado por 2 horas o toda la noche. Cocínalo en una sartén a fuego medio hasta que esté bien cocido.

Con Almendras y Albahaca – 210 kcal
Sazona un filete de pechuga, un bistec o un filete de pescado blanco (de 100 gramos) con sal marina y pimienta. En un recipiente aparte mezcla 1 taza de hojas de albahaca picadas, 1 cucharada de almendras molidas,1 cucharada de queso parmesano y sazona al gusto. Bate un huevo, pasa los filetes por huevo y luego por la mezcla de parmesano. Cocina en una sartén con 1 cucharada de aceite de oliva hasta que esté bien cocinado (lo pinchas y sale liquido claro).

Con Pimentón y Aceituna – 200 kcal
Sazona un filete de pechuga, un bistec o un filete de pescado blanco (de 100 gramos) con sal marina y pimienta. En un recipiente aparte mezcla 1 taza de pimentón rojo picado, 1 cucharada de aceitunas negras. Coloca la mezcla sobre los

filetes. Cocina en una sartén con 1 cucharada de aceite de oliva hasta que esté bien cocinado (lo pinchas y sale liquido claro).

Con curry – 335 kcal
Sazona 1 taza de pechuga de pollo/carne o pescado blanco cortado en cubitos con sal marina y pimienta. En una sartén añade 1 cucharada de mantequilla sin sal, sofríe 1 diente de ajo machacado, 1 cucharadita de jengibre rallado, 1 cucharadita de turmérico en polvo, 1 cucharadita de sal, 1 taza de espinaca, 1 cucharada de curry. Añade el pollo en cubos, sofríe durante unos 10 minutos o hasta que este cocinado, añade 2 cucharadas de crema de leche.

Nuggets – 448 kcal
Sazona 1 taza de pechuga de pollo /carne o pescado blanco cortados en tamaño de "Nuggets o pepitas" con sal marina y pimienta. En un recipiente mezcla 1 huevo. En otro recipiente mezcla 1 cucharada de parmesano, 1 cucharada de polvo de almendras, ½ cucharadita de ajo en polvo, una pizca de sal. Empane cada trozo de pollo con la mezcla de huevo, y páselo por la mezcla de parmesano. Coloque una sartén antiadherente grande a fuego medio y 2 cucharadas manteca de cerdo o vegetal. Cocine las pepitas durante 3-5 minutos por cada lado, hasta que estén doradas y bien cocidas. Es posible que debas cocinarlos en lotes, dependiendo del tamaño de tu sartén.

Fiambre de Pollo – 103 kcal
(esta receta rinde para 8 porciones)
En un recipiente mezcla, 454 gramos de pollo crudo molido, 1 huevo, 2 dientes de ajo machacado, 1 cucharadita de pimentón dulce en polvo, 1/2 taza de aceituna negra, un puñado de pistacho picadas, 1 cucharada de perejil picado. Sal y pimienta al gusto. Deja reposar la mezcla en el refrigerador por una hora. Dale forma de rollo a la mezcla y envuelvelo en papel film resistente a la temperatura previamente espolvoreado con pimienta y pimenton dulce en polvo. Enrolla por lo menos tres veces. Se le hace nudos a los extremos. Puedes cocinar el fiambre al vapor o en agua hirviendo por una hora a fuego medio. Se deja enfriar. Y se mete en el frigorifico de un dia para otro. Guardar en la nevera hasta 3 días en un recipiente hermético.

Carne Molida

Bolognaise – 260 kcal
(hace 4 porciones)

Calienta un chorrito de aceite en una olla grande y añade una cucharada de hierbas italianas, una cebolla pequeña rallada, 1 tallo de apio picado, ½ zanahoria picada en cubos, cocina por 10 minutos. Añade 400 gramos de carne molida, cocina por 5 minutos. Añade una lata de tomates pelados, 1 cucharadita de salsa inglesa sazona al gusto. Cocina a fuego bajo por 1 hora o hasta que la salsa espese.

Con coliflor:
Cocina al vapor ¼ cabeza de coliflor, pásalo por la picadora hasta que se transforme en forma de arroz. Sazona al gusto.

Con calabacín:
Con un cuchillo afilado, corta un calabacín en forma de tallarines. Colócales un poco de sal y dejalo sobre un colador por 15 minutos, para remover el exceso de agua.

Recetas con Huevos

Tortillas Bajo en Carbohidratos – 142 kcal
4 porciones

En un recipiente bate 4 huevos con 1 cucharada de jugo de limón, 3 cucharadas de cilantro, pizca de sal. Calienta en una sartén un poco de aceite sobre fuego mediano y sofría la cucharadita de jengibre, el diente de ajo machado, una cucharadita de ají picado hasta que el ajo se empiece a caramelizar. Agrega la mezcla de jengibre a los huevos batidos. Engrase una sartén con aceite, colóquela a fuego medio y fría ¼ de la mezcla de huevos batidos hasta hacer las tortillas, usa una espátula para voltear la tortilla y cocinar por el otro lado, por otros 30-45 segundos. Cocine las otras tres tortillas. Déjelas enfriar. Puedes comerlas solas o hacer las tortillas con el relleno de tu preferencia como queso quark, cebolleta, etc.

Nutrición:
Porción: 1 tortilla | Calorías: 142 kcal | Hidratos de carbono: 9.2 g | Proteínas: 7.7 g | Grasas: 8.6 g | Sodio: 11 mg | Potasio: 63 mg | Fibra: 1 g | Vitamina A: 440 UI | Calcio: 19mg | Hierro: 0,4 mg

Huevos Revueltos – 455 kcal / 1 taza o 180 gramos
Coloca una cucharada de mantequilla en una sartén antiadherente grande a fuego medio. Agrega un chile serrano picado y un tomate picado y sofríe por 2 minutos. En un bol, mezcle 2 huevos, 2 cucharadas de nata, 1 cucharada de cilantro picado, la sal y la pimienta al gusto. Vierta la mezcla de huevo en la sartén y agite suavemente los

bordes con una espátula de silicona, luego pásela por el centro. Deje que el huevo se asiente alrededor de los bordes antes de repetir el proceso, esto le dará una deliciosa y suave cuajada de huevo revuelto. Continúe cocinando el huevo revuelto hasta que esté suave, pero no quede ningún huevo líquido. Espolvorear con una cucharada de cebolleta picada y servir.

Huevos duros o sancochados – 81 kcal/huevo
6 porciones

Llena una cacerola con agua caliente del grifo y agrega los 6 huevos, asegurándote de que los huevos estén completamente cubiertos. Coloque a fuego alto, una vez que comiencen a aparecer pequeñas burbujas, configure su temporizador para 12 minutos. Una vez cocidos, coloque los huevos en agua helada para que se enfríen. Solo quitas las cáscaras al momento de consumir o hacer una receta. Son perfectos como una merienda, o hacerlos en ensalada con un poco de mayonesa y sazón al gusto.

Ensalada de Huevo – 473 kcal / media taza

Pele 2 huevos cocinados (ver receta) y enfriados y córtelos en dados antes de agregarlos a su tazón.
Agregue ¼ taza de mayonesa baja en carbohidratos, ½ cucharada de cebollino, ½ cucharadita de jugo de limón, ½ cucharadita de mostaza, una pizca de sal y pimienta y revuelva suavemente. Pruebe su mezcla y agregue sal y pimienta adicionales si lo desea.
Sirva inmediatamente o guárdelo en un recipiente hermético en la nevera hasta por 3 días.

Frittata – 218 kcal / 1 taza

En un tazón mediano, bata un huevo y una cucharada de crema espesa hasta que estén esponjosos, añade 1 cucharada de queso parmesano, 1 cucharadita de pimentón picado, 1 cucharada de cebolleta picada, 1 cucharada de espinaca picada sazona al gusto. Engrasa un recipiente con mantequilla que sea apto para microondas. Coloca la mezcla y cocina en el microondas en alto por 2-3 minutos.

Referencias

1. Who would have thought it? An operation proves to be the most effective therapy for adult-onset diabetes mellitus. W J Porles et al, Annals of Surgery, 1995. http://ncbi.nlm.nih.gov/pmc/articles/PMC 1234815.
2. Taylor R, Al-Mrabeh A, Sattar N. Understanding the mechanisms of reversal of

type 2 diabetes. Lancet Diabetes Endocrinol. 2019 Sep;7(9):726-736. doi: 10.1016/ S2213-8587(19)30076-2. Epub 2019 May 13. Erratum in: Lancet Diabetes Endocrinol. 2019 May 22;: PMID: 31097391.

3.   Type 2 diabetes: ethiology and reversibility. R Taylor, Diabetes Care 2013. http:// care.diabetesjournals.org/content/36/7/1047.

4.   Steffen R. The history and role of gastric banding. Surg Obes Relat Dis. 2008 May-Jun;4(3 Suppl):S7-13. doi: 10.1016/j.soard.2008.04.002. PMID: 18501318.

5.   Reappraisal of metformin efficacy in the treatment of type 2 diabetes: a meta-analysis of randomised controlled trials. R. Boussageon et al, Plos, 2012. http:// journals.plos.org/plosmedicne/article?id=10.1371/journal.pmed.1001204.

6.   Reversal of type 2 diabetes: normalisation of beta cell function in association with decreased pancreas and liver triacylglycerol. E L Lim, Diabetologia, 2011, http:// www.ncbl.nlm.nih.gov/pubmed/2166330

7.   Estudio para investigar la pérdida de peso utilizando la "banda gástrica virtual" con hipnoterapia en comparación con la relajación, hipnoterapia y seguir una dieta autodirigida http://www.isrctn.com/ISRCTN69640604#:~:text='Virtual%20gastric %20band'%20hypnotherapy%20involves,results%20yet%20to%20be%20confirmed.

AUTOEVALUACIONES

Al completar con éxito las autoevaluaciones, estarás listo para empezar tu terapia de autoayuda.

Evaluación Modulo 1

1.   Si tienes diabetes tipo 2, ¿puedes revertirla? ¿Cómo?

2.   Según el Dr. Roy Taylor ¿Qué causa la diabetes tipo 2?

3.   ¿Cómo se puede medir la grasa dentro del hígado y el páncreas?

4.   Para revertir o prevenir la diabetes tipo 2, ¿En qué zona del cuerpo debería la grasa reducirse más?

Evaluación Modulo 2

1.   ¿Cuáles son los principales riesgos postoperatorios luego de colocar la banda gástrica con cirugía?

2.   ¿Cuáles son los efectos psicosociales de la cirugía de la banda gástrica?

Evaluación Modulo 3

1.   ¿Cómo esta divida la mente?

2.   ¿Qué es la mente subconsciente?

3.   ¿En qué onda eléctrica cerebral se logra el trance hipnótico?

Evaluación Modulo 4

1.   ¿Cómo diferencias el hambre natural de la gula o comer en exceso?

2.   ¿Qué tienes que hacer durante la fase de mantenimiento?

3. Enumera las razones por las cuales crees y tienes Fe que lograras tu objetivo de bajar de peso y curarte de la diabetes tipo 2.

Evaluación Modulo 5

1. ¿Cuántas sesiones de hipnosis está conformado el programa de banda gástrica virtual?
2. ¿Cómo puedes lograr el trance hipnótico
3. ¿Por qué es importante seguir los pasos de preparación previos a las sesiones con las audioguías?
4. ¿Por qué es importante hacer revisiones de seguimiento a las 2,4 y 8 semanas con tu medico?

Evaluación Modulo 6

1. ¿Cuál es la diferencia entre seguir una dieta basado en sustitutos de comidas y una dieta basado en comida tradicional?
2. ¿Cuántos es el número máximo de calorías diarias que deberías consumir para lograr una reducción de grasa visceral?
3. ¿Cuáles son las principales señales de plenitud?
4. ¿Qué tipo de alimentos debes comer en las primeras dos semanas después de colocada la banda gástrica virtual?

Sobre la Autora

Clara Ramírez es hipnoterapeuta calificada "Centre of Excellence Institute" Londres, Inglaterra. Miembro de "International Association of NLP and Coaching (IANLPC)", y "International Alliance of Holistic Therapists (IAHT)". Ingeniera Químico, Educadora Nutricional. Especializada en Banda Gástrica Virtual del mismo instituto. Autora de varios libros de autoayuda. Clara dirige el sitio web www.mente-subconsciente.com. Realiza diseños de guiones hipnóticos y recursos para diversas áreas-problema con poderosas afirmaciones y visualizaciones inspiradoras para reforzar las sugerencias hipnóticas y ayudar así a las personas a obtener el mayor beneficio de su terapia. Comunicadora de la Salud basado en un enfoque de sanación natural. Conferencista. Consultora Corporativa.

Un poco de mi carrera profesional

Mi carrera matriz es la Ingeniería Química. Es un trabajo que me obliga a trabajar muchas horas en exceso trayendo como consecuencia un deterioro de mi salud. Hace unos años, mi salud empezó a deteriorarse a pasos acelerados. Me frustraba al ver que los médicos no me ayudaban, te decían "el que" pero no el "como". Al mudarme a Londres, Inglaterra, me forzó a manejarme en un ambiente con diferentes culturas e idioma. Esto trajo muchos retos para mí. No lograba conseguir ese balance vida personal – trabajo exitoso – excelente salud física y mental. Por eso decidí tomar mis problemas y convertirlos en retos, y me propuse que mi vida tenía que cambiar para mejor. Decidí estudiar hipnoterapia y nutrición en paralelo con mi trabajo, y logré certificarme. Esto me llevo a otros estudios, y profundizar mis conocimientos en hipnoterapia con una certificación en Banda Gástrica Virtual. Empecé a aplicar en mí misma todo este cumulo de conocimientos, identificando las causas raíz de mis problemas. Logré vencer muchos paradigmas. Esto mejoró muchísimo mi vida, aprendí a "como" ayudarme a mí misma con la ayuda del poder de la mente subconsciente. Sentí que era mi deber, ayudar a los demás, transmitiendo mis conocimientos.

Empecé ayudando a mis familiares y amigos más cercanos con excelentes resultados. Esto siguió de una lista de clientes. He trabajado en mis técnicas de hipnosis y programas complementarios, con la retroalimentación de los resultados vistos en mis clientes y sus valiosas opiniones. Decidí, lanzar este concepto de "Auto hipnoterapia al alcance de todos" en el idioma español, donde podrás conseguir los recursos que necesitas para autoayudarte y mejorar tu vida. ¡Bienvenido a esta gran familia!

Gracias infinitas por darme la oportunidad de brindarte parte de mis conocimientos y abrirme las puertas de tu casa y de tu mente subconsciente. Espero que apliques las enseñanzas aquí aprendidas para mejorar tu vida.

Si tienes una empresa y deseas que dictemos talleres y conferencias. Si eres un profesional de la hipnoterapia y deseas ayuda con tus guiones hipnóticos, no dudes en contactarnos:
www.mente-subconsciente.com
mentesubconsciente1@gmail.com
Facebook: @mentesubconsciente
Instagram: @mentesubconsciente_
Twitter: @mentesubconsci1

www.ingramcontent.com/pod-product-compliance
Lightning Source LLC
Chambersburg PA
CBHW072217170526
45158CB00002BA/636

La información de este libro no sustituye la atención médica profesional. Los consejos dados en este libro se basa en la formación, la experiencia y la información disponible para el autor. Cada situación personal es única. El autor y el editor instan a los lectores a consultar a un profesional de salud cualificado cuando exista alguna duda sobre la presencia o el tratamiento de cualquier condición de salud. A menos que se especifique lo contrario, los tratamientos recomendados son para uso de adultos. Las mujeres embarazadas siempre deben consultar a un profesional de la salud cualificado antes de usar los tratamientos recomendados en esta publicación.

El autor y el editor no son responsables de los efectos adversos o consecuencias resultantes del uso de cualquiera de las técnicas o procedimientos descritos en este libro. Para obtener asesoramiento personalizado, consulte siempre a un profesional cualificado. Los estudios de investigación y las instituciones citadas en este libro no deben interpretarse de ninguna manera como una aprobación de ninguna parte de este libro. El autor y el editor renuncian expresamente a la responsabilidad por los efectos adversos derivados del uso de la aplicación de la información contenida en el presente documento.

Publicado por primera vez: 2021

Texto y diseño por Clara Ramírez
Portada del Libro por Madeleine Parada-Ramírez
Foto de la Portada: Clara Ramirez
Editorial Blurb